Ludumo Mayekiso
Andisiwe Bango

Acesso à capacidade da estação de tratamento de águas residuais de Kwa-Nobuhle

Ludumo Mayekiso
Andisiwe Bango

Acesso à capacidade da estação de tratamento de águas residuais de Kwa-Nobuhle

ScienciaScripts

Imprint

Cover image: www.ingimage.com

This book is a translation from the original published under ISBN 978-3-639-71115-8.

Publisher:
Sciencia Scripts
is a trademark of
Dodo Books Indian Ocean Ltd. and OmniScriptum S.R.L publishing group

120 High Road, East Finchley, London, N2 9ED, United Kingdom
Str. Armeneasca 28/1, office 1, Chisinau MD-2012, Republic of Moldova, Europe
Managing Directors: Ieva Konstantinova, Victoria Ursu
info@omniscriptum.com

Printed at: see last page
ISBN: 978-620-8-51305-4

RESUMO

As águas residuais são uma preocupação séria, especialmente se forem deixadas ou eliminadas no ambiente circundante quando não são corretamente tratadas. As águas residuais são classificadas com base no seu local de origem, por exemplo, águas residuais industriais, águas residuais agrícolas, águas residuais domésticas (Mara, 2003). Este estudo centra-se no tratamento das águas residuais domésticas pela Estação de Tratamento de Águas Residuais (ETAR) de Kwa-Nobuhle. As águas residuais domésticas são as águas que foram utilizadas por uma comunidade e que contêm todos os materiais adicionados à água durante a sua utilização. É, portanto, composta por resíduos do corpo humano (fezes e urina), juntamente com a água utilizada na descarga das casas de banho e o chorume.

As águas residuais numa estação de tratamento passam por uma série de fases de tratamento antes de serem introduzidas no ambiente. No entanto, o envelhecimento das infra-estruturas da ETAR, o desenvolvimento das infra-estruturas na comunidade circundante, a expansão dos municípios e o crescimento da população são alguns dos factores que afectam e comprometem a capacidade de carga, bem como a capacidade de muitas ETAR, incluindo a ETAR de Kwa-Nobuhle, para tratar adequadamente as águas residuais. Alguns destes factores são a razão pela qual a ETAR de Kwa-Nobuhle não está totalmente em conformidade com as normas estipuladas pelo Departamento dos Assuntos Hídricos, tal como revelado pelo estudo.

Para esta investigação, foram utilizadas diferentes técnicas de recolha de dados, incluindo, entre outras, a observação direta da área de estudo, foram também tiradas imagens dentro da área de estudo, foram realizadas entrevistas entre os membros da comunidade, bem como com funcionários do município, e foram também distribuídos questionários na comunidade circundante para obter informações mais aprofundadas sobre a perceção das comunidades acerca da ETAR de Kwa-Nobuhle. Foram também adquiridos dados secundários.

O investigador, através da utilização do Pacote Estatístico para as Ciências Sociais (SPSS), estabeleceu que 66,67% dos membros da comunidade apresentaram queixas, principalmente sobre o odor desagradável gerado pela ETAR de Kwa-Nobuhle; o investigador descobriu também que a ETAR está atualmente a ser remodelada para fazer face aos seus desafios.

PALAVRAS-CHAVE: Águas residuais domésticas; Tratamento; Capacidade; Conformidade; Desenvolvimento.

AGRADECIMENTOS

O sucesso é um esforço coletivo; gostaria de agradecer a Deus Pai e aos meus antepassados pela força e coragem que investiram em mim e por estarem sempre comigo. Gostaria também de enviar uma palavra de apreço ao Sr. A. Bango pelo seu juízo de valor e contribuição, supervisão, orientação e conselhos constantes, não esquecendo também de agradecer ao Dr. P.F Tseki pelo contributo e assistência que me prestou.

Gostaria também de expressar com alegria e felicidade algumas palavras de gratidão à minha família pelo amor e apoio sincero (genuíno) que me deram. Gostaria também de agradecer aos funcionários do Município de Nelson Mandela Bay (distrito de Uitenhage), bem como ao controlador do processo da ETAR de Kwa-Nobuhle (Sr. Ronnie Mboweni), por me terem facilitado o acesso à informação. Gostaria também de expressar palavras de gratidão aos meus amigos, Sr. Luzuko Damane e Sr. Mlamli Makwethu, por me terem ajudado na distribuição e recolha dos questionários de investigação e pela sua contribuição durante a realização das entrevistas com os membros da comunidade. Gostaria também de agradecer à comunidade de Kwa-Nobuhle em geral pelas suas respostas às entrevistas e aos questionários de investigação.

Por último, gostaria de agradecer às seguintes pessoas: Khona Jacobs, Sr. Mbolela Kasibe, Srta. Nontsikelelo Felicia Mayekiso, Anele Gift Ketshana, Siphelele Dyatyi e Srta. Zendy Magayiyana pelo seu encorajamento, motivações, conselhos, tempo despendido, contribuições e compreensão. De um modo geral, gostaria de enviar uma enorme palavra de apreço ao Fundo Nacional de Investigação (NRF) por ter disponibilizado fundos que me permitiram realizar este estudo.

ACRÓNIMOS

ACAPS	Assessment Committee Application Processing
BOD	Biological Oxygen Demand
CWA	Clean Water Act
DWAF	Department of Water Affairs and Forestry
EPA	Environmental Protection Agency
KSTP	Keiskammahoek Sewage Treatment Plant
KWWTW	Kwa-Nobuhle Waste Water Treatment Works
NEMA	National Environmental Management Act
NMBM	Nelson Mandela Bay Municipality
NRF	National Research Fund
NSBA	National Spatial Biodiversity Assessment
O&M	Operations and Management
RCG	Research & Consultation Guide
RDP	Reconstruction and Development Programme
SPSS	Statistical Package for the Social Sciences
TCAC	Tribal Compliance Assistance Center
UDDI	Uitenhage Dispatch Development Integration
USA	United States of America
UV	Ultra Violet
WHO	World Health Organization
WRC	World Research Council
WWTP	Waste Water Treatment Plant
WWTW	Waste Water Treatment Works

ÍNDICE DE CONTEÚDOS

CAPÍTULO 1

INTRODUÇÃO

1.1 Contexto

Num estudo efectuado por Mateo-Sagasta *et al.* (2015), como citam (Asano *et al.*, 2007), as águas residuais podem ser definidas como a água usada descarregada de casas, empresas, indústria, cidades e agricultura. De acordo com esta definição, existem tantos tipos de águas residuais como utilizações da água, por exemplo, águas residuais urbanas, águas residuais industriais ou águas residuais agrícolas. As águas residuais são classificadas com base no seu local de origem, se industrial ou doméstico (Rana, 2006). As águas residuais industriais são geradas a partir de instalações industriais onde a água líquida serve muitos objectivos, como a lavagem e enxaguamento de equipamento e o arrefecimento de máquinas (Rana, 2006). As águas residuais domésticas (urbanas) são a água que foi utilizada por uma comunidade e que contém todos os materiais adicionados à água durante a sua utilização. É, portanto, composta por resíduos humanos (fezes e urina) juntamente com a água utilizada para a descarga das sanitas, e por águas residuais, que são as águas residuais resultantes da lavagem pessoal, da lavagem de roupa, da preparação de alimentos e da limpeza de utensílios de cozinha (Mara, 2003).

Quando as águas residuais são recolhidas num sistema municipal de condutas (esgotos), são também designadas por águas residuais (Asano *et al*, 2007) e, através deste sistema de condutas, são transportadas para uma instalação de tratamento onde passam por uma série de fases de tratamento antes de serem reintroduzidas no ambiente (Rana, 2006).

Naidoo e Olaniran (2013) referem que o principal objetivo do tratamento primário é reduzir os sólidos sedimentáveis, bem como os óleos, gorduras, areias e grãos nas águas residuais através de processos de decantação, filtração e sedimentação. O tratamento secundário das águas residuais é um processo biológico que normalmente se segue ao tratamento primário. As instalações de tratamento secundário são projectadas para promover o crescimento de microorganismos (Smith, 2008). Em seguida, o tratamento terciário das águas residuais, que visa o polimento do efluente antes de ser descarregado ou reutilizado, pode consistir na remoção de nutrientes (principalmente azoto e fósforo), compostos tóxicos, matéria residual em suspensão ou microrganismos (desinfeção com cloro, ozono, radiação ultravioleta ou outros). No entanto, esta terceira fase raramente é utilizada em países de baixo rendimento (Mateo-Sagasta *et al.,* 2015)

O desenvolvimento, o crescimento da população, a expansão dos municípios, bem como outros factores, podem comprometer a capacidade de carga e a capacidade das instalações de tratamento de águas residuais para tratar a água contaminada (Anago, 2002). O envelhecimento da infraestrutura que foi criada para transportar as águas residuais desde o seu ponto de criação até ao ponto onde são tratadas e eliminadas impõe uma séria preocupação. Estes factores são uma das razões pelas quais a água das instalações de tratamento é descarregada no ambiente circundante com componentes indesejáveis (Rana, 2006).

A outra preocupação é saber se estas instalações de tratamento de águas residuais estão em conformidade com a legislação sul-africana aplicável, como a Lei Nacional de Gestão Ambiental de 1998 (Lei 107 de 1998), vulgarmente conhecida como "NEMA", a Lei Nacional de Resíduos Ambientais (Lei 59 de

2008) e a Lei Nacional da Água (Lei 36 de 1998). De acordo com o Green Drop Regulatory Report Card 2009, investigações e auditorias recentes confirmaram que a situação no que respeita ao tratamento de águas residuais e ao cumprimento das respectivas leis da água deve ser abordada como uma questão de agência.

1.2 Discussão do problema de investigação

A estação de tratamento de águas residuais de Kwa-Nobuhle existe há quase quarenta e sete anos. Houve desenvolvimento, a densidade populacional aumentou com a adição de novas zonas residenciais na área (tais como Gunguluza, Peace Village, Khayelitsha, Chris Hani, etc.), também foram construídos hospitais e centros comerciais e surgiram pequenas empresas. Os estudos revelam que o desenvolvimento e a expansão das cidades podem comprometer a capacidade de carga e de tratamento das águas residuais, o que, por sua vez, pode causar graves problemas ambientais e sociais. A principal preocupação reside nos processos de tratamento e na descarga de água para os cursos de água próximos. É da maior importância garantir que os efluentes descarregados estejam dentro dos limites aceites, porque, caso contrário, isso pode resultar em doenças transmitidas pela água, bem como na degradação do ambiente natural.

1.3 Finalidades, objectivos, questões de investigação, pressupostos da investigação e significado do estudo

1.3.1 Objetivo do estudo

- O objetivo do estudo é avaliar a capacidade da estação de tratamento de águas residuais de Kwa-nobuhle para servir o município em desenvolvimento de Kwa-nobuhle.

1.3.2 Objectivos do estudo

- Investigar o desenvolvimento das infra-estruturas que são servidas pela estação de tratamento.
- Investigar os limites de qualidade dos efluentes estipulados pelo Department of Water Affairs (DWA), e
- Determinar o nível de conformidade da estação de tratamento de águas residuais (ETAR) de Kwa-Nobuhle com os limites de qualidade dos efluentes (normas) estipulados pelo Department of Water Affairs (DWA).

1.3.3 Questões de investigação

- Que infra-estruturas de desenvolvimento são servidas pela estação de tratamento?
- Quais são os limites de qualidade dos efluentes estabelecidos pelo Departamento de Recursos Hídricos?
- Quais são os níveis de conformidade da ETAR de Kwa-Nobuhle com os limites de qualidade dos efluentes (normas) estipulados pela DWA?

1.3.4 Pressupostos da investigação

Devido ao Group Areas Act (Lei n.º 41 de 1950), os cidadãos da África do Sul foram separados e transferidos para novas localidades, como Kwa-Nobuhle (Uitenhage), numa base racial. Após quase cinco décadas, a infraestrutura de tratamento de águas residuais é suscetível de enfrentar desafios em termos de capacidade devido a factores como: aumento da população, expansão do município, desenvolvimento de infra-estruturas e surgimento de empresas.

1.4 Importância do estudo

- Este estudo é importante porque permitirá fazer o ponto da situação da estação de tratamento de águas residuais.

- Além disso, o estudo abordará a conformidade da estação de tratamento de águas residuais com as normas ou limites de qualidade dos efluentes que foram estabelecidos pelo departamento dos Assuntos Hídricos.

CAPÍTULO 2

DESCRIÇÃO DA ZONA DE ESTUDO

2.1 Informações básicas sobre a área de estudo

O estudo situa-se em Kwa-Nobuhle (Uitenhage), uma cidade local situada no município de Nelson Mandela Bay. Kwa-Nobuhle, que significa "*Lugar de beleza*", é também conhecida como a cidade-dormitório, cuja população está a crescer ou tem aumentado ao longo do tempo, o que é comprovado pela adição de novas extensões residenciais ao longo do tempo. As origens desta cidade remontam a 1967, ano em que foi fundada. Nessa altura, havia uma casa com quatro divisões e uma casa de banho exterior, bem como uma torneira exterior de água potável para cada família (segundo um dos membros da comunidade), o que indica que a estação de tratamento de águas residuais já existia.

Figura 1: Cadastros da estação de tratamento de águas residuais de Kwa-Nobuhle e arredores.

Fonte: Projeto de relatório da ETAR de Kwa-Nobuhle

2.1.1 Localização

Kwa-Nobuhle está situada em Uitenhage, Cabo Oriental, África do Sul, no município de Nelson Mandela Bay. As suas coordenadas geográficas são 33° 48' 9" Sul, 25° 23' 33" Este. A estação de tratamento de águas residuais de Kwa-Nobuhle está localizada em Kwa-Nobuhle one e as suas coordenadas GPS são 33° 48' 18.10" S; 25° 24' 08.98" E.

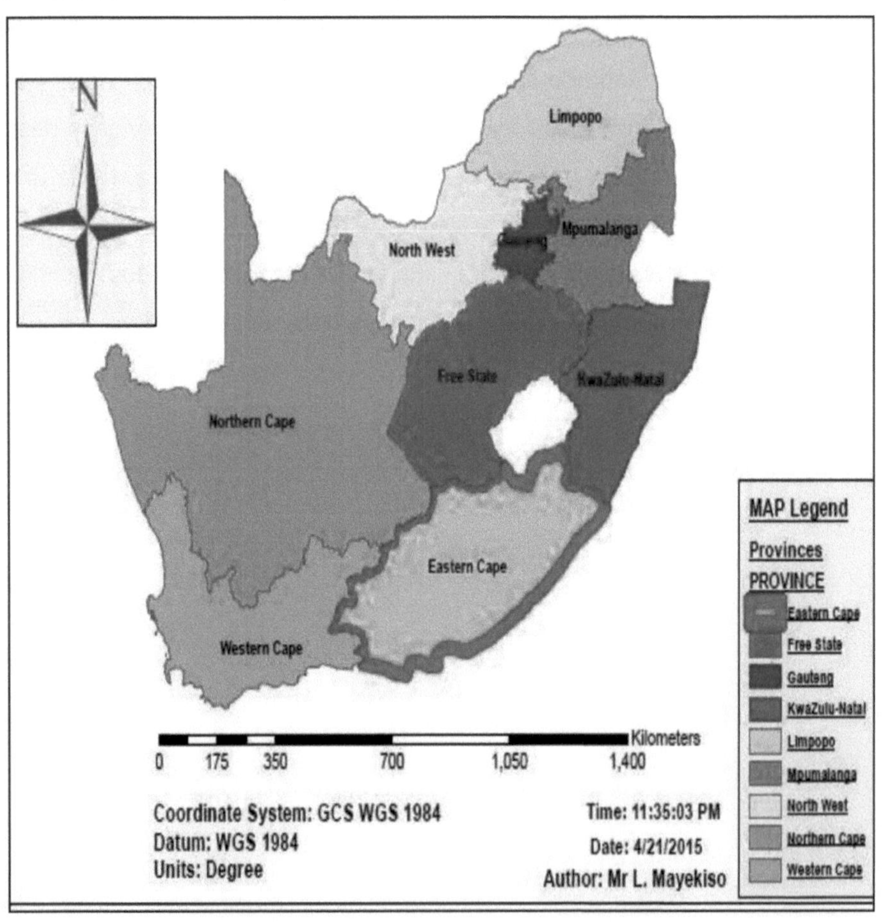

MAPA 1: Mostra a África do Sul e todas as suas províncias.

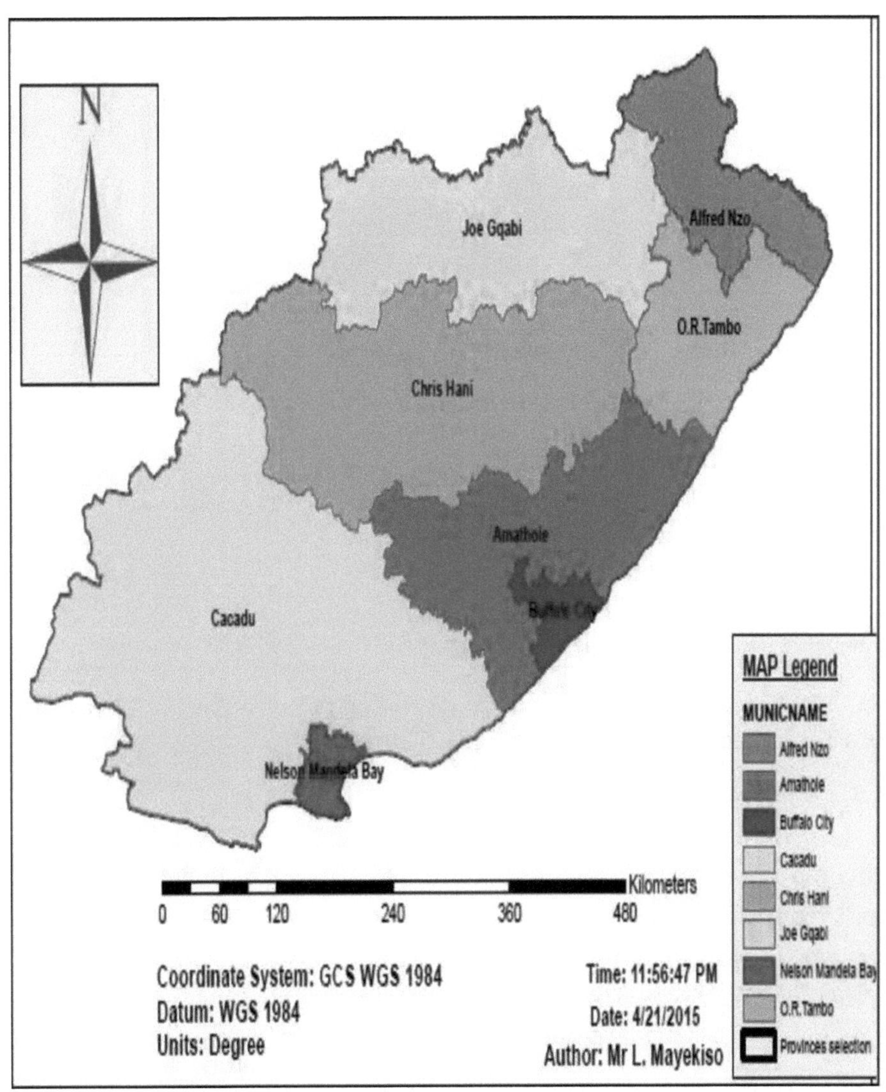

MAPA 2: Representação da Província do Cabo Oriental com todos os seus municípios.

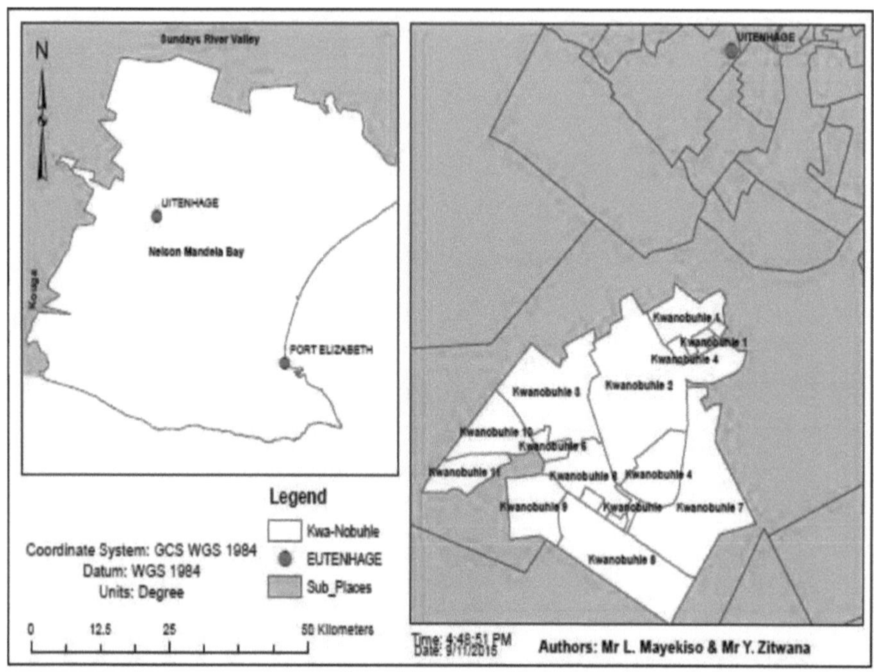

MAPA 3: Representação do município de Nelson Mandela Bay, incluindo a localização geográfica de Kwa-Nobuhle-Uitenhage.

2.1.2 Geologia e topografia

Uma rápida revisão da literatura mostra que a geologia da área é composta por lama e arenito da Formação Kirkwood e aluviões do Quaternário ligados a recursos hídricos superficiais. Prevê-se que as águas subterrâneas ocorram entre um e vinte e cinco metros abaixo da superfície do solo (Gibb Engineering & Science, 2012). As condições de águas subterrâneas confinadas podem estar presentes no leito rochoso subjacente. O local de estudo está subjacente a aluviões transportados e depositados pelo rio. O material de cobertura do aluvião transportado é subjacente ao lamito da Fundação Kirkwood (Gibb Engineering & Science, 2012). A Formação Kirkwood faz parte do Grupo Uitenhage do final do

De idade jurássica a início do Cretáceo (há cerca de cento e trinta e cinco milhões de anos). Os arenitos siltosos castanho-avermelhados a cinzento-esverdeados, bem como os arenitos esbranquiçados a cinzento-pálido são o tipo de rocha predominante da Formação Kirkwood (Uitenhage Dispatch Development Integration (UDDI), 2004).

Mclear, (2001) refere que a WWTW de Kwa-Nobuhle está subjacente à Bacia Artesiana de Uitenhage, que é a maior e hidrogeologicamente mais importante bacia artesiana de águas subterrâneas da África do Sul, fornecendo águas superficiais e subterrâneas para usos agrícolas, domésticos, comerciais e industriais. Abrange uma área de cerca de três mil e setecentos quilómetros^2, situando-se principalmente nos distritos de Port Elizabeth e Uitenhage, e é recarregada pela precipitação nas cadeias montanhosas de Groot Winterhoek e Zunga, a oeste. As águas subterrâneas desta bacia abastecem atualmente cerca de quinze por cento das necessidades municipais totais de Uitenhage. A bacia foi declarada Área de Controlo de Águas Subterrâneas do Governo em mil novecentos e cinquenta e sete (Mclear, 2001).

2.1.3 Clima

De acordo com Gibb Engineering & Science (2012), Uitenhage recebe, em média, trezentos e trinta e um mm de chuva por ano, com precipitação ao longo de todo o ano. Durante o mês de junho, a precipitação mais baixa é de dezassete mm, ao passo que em março a precipitação mais elevada é de quarenta mm, e durante as estações de maior precipitação o volume de águas residuais na estação de tratamento tende a aumentar. As temperaturas máximas do meio-dia em Uitenhage variam, em média, entre 19,8°C em julho e 26,9°C em fevereiro. O mês mais frio é julho, onde as temperaturas descem para 6,8°C durante a noite. Prevê-se que as condições de vento sejam muito semelhantes às registadas em Port Elizabeth. A área está regularmente exposta a ventos de sudoeste e sudeste, com ventos de outras direcções a darem uma pequena contribuição. Ambos os ventos com componentes de leste e de oeste podem atingir velocidades superiores a sessenta km/h, no entanto, a maioria dos ventos tem velocidade entre catorze e quarenta km/h (Lubke & De Moor 1998), como citado no projeto de relatório de avaliação da WWTW de Kwa-Nobuhle.

2.1.4 Vegetação

Mucina & Rutherford, (2006) afirma que os mapas da Avaliação Nacional da Biodiversidade Espacial (NSBA) mostram que a vegetação na ETAR de Kwa-Nobuhle e nas áreas circundantes é dominada pela Vegetação Aluvial de Albany e pelo Arvoredo do Vale de Sundays (Mapa 4). A vegetação aluvial de Albany é considerada pouco protegida e ameaçada, enquanto a vegetação do bosque de Sundays Valley é considerada menos ameaçada (extensão de noventa e quatro vírgula cinco por cento), apesar de também estar pouco protegida.

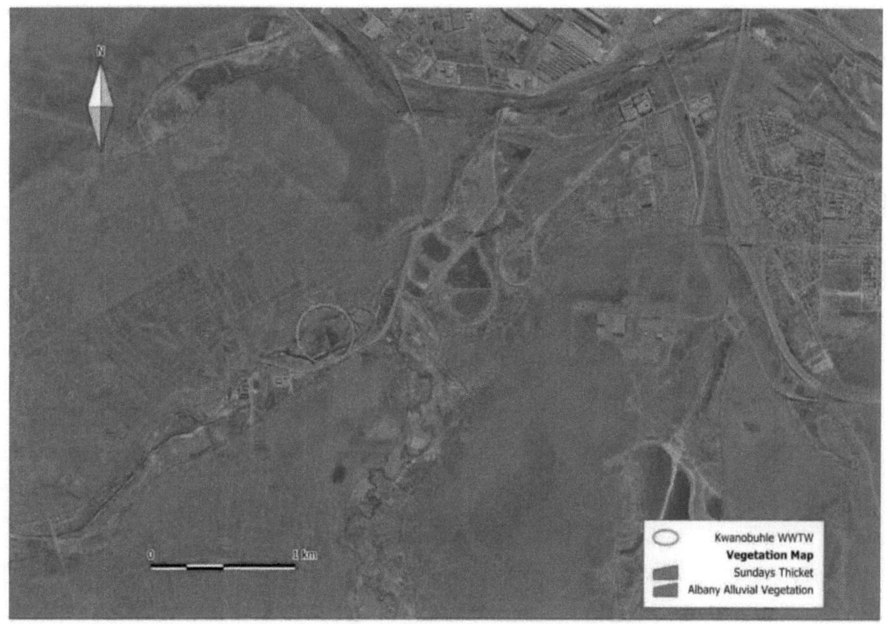

Mapa 4: Secção relevante do mapa NSBA, ilustrando a localização da ETAR de Kwa-Nobuhle, bem como a distribuição da cobertura vegetal.

Fonte: Projeto de relatório de delimitação do âmbito da WWTW de Kwa-Nobuhle.

2.1.5 População

Terblanche (2013) afirma que a taxa de crescimento anual da população do Cabo Oriental (três por cento) deverá ser ligeiramente superior à média nacional de dois por cento (Projecções de População e Agregados Familiares, 2001-2021: 2007).

2.1.5.1 Análise da situação da Baía de Nelson Mandela

De acordo com o Município da Baía de Nelson Mandela (março de 2014), Projeto de Plano de Desenvolvimento Integrado 2011-2016; 13.ª edição (exercício financeiro de 2014/15)), o Município da Baía de Nelson Mandela tem uma população estimada em 1 152 115 habitantes e 276 850 agregados familiares formais. O município cobre uma área de cerca de 1 950 Km^2 e, por último, tem uma taxa de desemprego de cerca de 32, 34%.

Os números da população que se seguem são derivados dos sub-lugares (definição de 2011) que são total ou maioritariamente urbanos.

Quadro 1: Números relativos à população de Uitenhage (Kwa-Nobuhle - Despatch combinados)

Name	Population Census 2001-10-09	Population Census 2011-10-09
Uitenhage (Kwa-Nobuhle-Despatch)	193,271	242,924

Fonte: Satistics South Africa (web) / adrianfrith.com

CAPÍTULO 3

REVISÃO DA LITERATURA

3.1 Introdução

As águas residuais domésticas são definidas como as águas residuais provenientes da utilização doméstica da água, enquanto as águas residuais industriais são apenas as provenientes de práticas industriais. Os sistemas de tratamento e de descarga podem diferir bastante entre países e os sistemas de tratamento e de descarga podem diferir entre utilizadores rurais e urbanos, e entre utilizadores urbanos com rendimentos elevados e utilizadores urbanos com rendimentos baixos (Doorn *et al.*, 2006). Ao longo dos anos, o processo de remoção de componentes perigosos da água e o processo de purificação da água têm vindo a melhorar. Mesmo com esse avanço, ainda existem desafios que impedem essas melhorias, desafios como o crescimento populacional que coloca uma pressão sobre a capacidade de carga das instalações de tratamento de águas residuais, a má gestão e também o envelhecimento das infra-estruturas (Nikiema *et al.*, 2012).

Assim, Malik *et al.* (2005) afirma que os problemas ambientais ocorrem quando as estações de tratamento de águas residuais não têm a capacidade de tratar todas as águas residuais que recolhem, ou quando não tratam adequadamente a água. Naidoo & Olaniran (2013) são da opinião de que a maior preocupação associada à poluição microbiana é o risco de doenças humanas e animais após a exposição a fontes de água contaminadas. Muitas vezes, a descarga de efluentes tratados incorretamente das ETAR resulta na deposição de grandes quantidades de matéria orgânica e de nutrientes que têm efeitos prejudiciais importantes para a saúde dos ambientes circundantes, bem como para a micro e macrofauna presentes.

Rana (2006) afirma que, normalmente, as águas residuais são conduzidas para estações de tratamento para remover componentes indesejáveis que incluem matéria orgânica e inorgânica, bem como material solúvel e insolúvel. Estes poluentes, se descarregados diretamente ou com tratamento inadequado, podem interferir com os mecanismos de auto-limpeza das massas de água. As principais fontes de contaminação da água têm sido os resíduos domésticos, industriais, agrícolas, os resíduos sólidos, o coração e os materiais radioactivos. Há muitos anos que existe legislação relativa às águas residuais, por exemplo, a Lei Romana Antiga que regula os vasos de cozinha (500 a.C.), que começou por ser designada *por Lei Deject Effusive Act* Uma pessoa será multada e pagará uma indemnização à parte lesada por atirar ou derramar "mísseis de alegria" por uma janela aberta e atingir alguém (Steinbeck, 2005).

A Lei da Saúde Pública de 1848 (Inglaterra), que foi revogada em 1856, estipulava que todas as casas deviam ter um método sanitário para a eliminação dos esgotos (retrete, latrina, fossa de cinzas) (Steinbeck, 2005). Ao longo dos anos, foram criadas e alteradas novas leis com o objetivo de defender a saúde e a segurança das pessoas e do ambiente natural (Eddy, 2003). Na África do Sul, de acordo com o Green Drop Report (2009), investigações e auditorias recentes confirmaram que a situação relativa ao tratamento de águas residuais e ao cumprimento das respectivas Leis da Água deve ser abordada com urgência. O serviço municipal de águas residuais é geralmente considerado como estando longe de ser aceitável, quando comparado com as normas nacionais exigidas e as melhores práticas internacionais.

3.2 História das águas residuais

Um estudo preparado por Burian (2000) sugere que, desde o século XVIII, várias estratégias e tecnologias de gestão de águas residuais urbanas têm sido implementadas nos Estados Unidos. As estratégias de gestão podem ser categorizadas como centralizadas, onde todas as águas residuais são recolhidas e transportadas para um local central para tratamento ou eliminação, ou descentralizadas, onde as águas residuais são principalmente tratadas ou eliminadas no local ou perto da fonte. Foi só no início do século XIX que os esgotos foram implementados nos EUA.

Um estudo realizado pela Agência de Proteção do Ambiente (2004) sugere que, na primeira metade do século XX, a poluição dos cursos de água urbanos da Nação resultou em ocorrências frequentes de baixo oxigénio dissolvido, morte de peixes, proliferação de algas e contaminação bacteriana. Os primeiros esforços de controlo da poluição da água impediram que os resíduos humanos chegassem às reservas de água ou reduziram a flutuação de detritos que obstruíam a navegação.

De acordo com o historiador Tarr (1984), a adoção de duas novas tecnologias - a água canalizada e a sanita - combinadas com densidades urbanas mais elevadas, provocaram o colapso do sistema de remoção de resíduos por fossa e abóbada, gerando incómodos excessivos e riscos para a saúde. Foi implementada uma tecnologia provisória de mão de obra e capital intensivo, utilizando bombas de vácuo e camiões-cisterna puxados por cavalos para a remoção de resíduos, mas não demorou muito até que esta tecnologia fosse substituída pela tecnologia de transporte de água (também conhecida como "esgotos") como método de gestão de resíduos (Tarr, 1984).

A Advanced BioTech California USA a nível mundial (sem data) refere que o tratamento das águas residuais é uma prática relativamente moderna. Embora os esgotos para remover a água com mau cheiro fossem comuns na Roma antiga, só no século XIX é que as grandes cidades começaram a compreender que tinham de reduzir a quantidade de poluentes na água usada que descarregavam no ambiente. Apesar das grandes reservas de água doce e da capacidade natural da água para se purificar ao longo do tempo, as populações tinham-se tornado tão concentradas em 1850 que os surtos de doenças potencialmente fatais eram atribuídos a bactérias presentes na água poluída. Um estudo realizado pela Agência de Proteção Ambiental (EPA) (2004) salienta que, em 1892, apenas vinte e sete cidades americanas dispunham de tratamento de águas residuais. Atualmente, mais de 16.000 estações de tratamento de águas residuais de propriedade pública operam nos Estados Unidos e nos seus territórios. A construção de instalações de tratamento de águas residuais floresceu na década de 1920 e novamente após a aprovação da Lei da Água Limpa (Clean Water Act - CWA) em 1972, com a disponibilidade de financiamento e novos requisitos que exigem níveis mínimos de tratamento.

Um estudo da Water Care limited (sem data) afirma que, na cidade de Auckland, a necessidade de um sistema reticulado de eliminação de águas residuais em toda a cidade foi reconhecida pela primeira vez em 1878, quando a população de Auckland tinha atingido os 30.000 habitantes. Naquela época, a forma predominante de eliminação de águas residuais era a recolha nocturna, isto é, a prática de recolha de resíduos de agregados familiares individuais, normalmente efectuada durante a noite através de uma carroça nocturna puxada por cavalos. Esta prática continuou em algumas zonas da cidade até ao século XX. O Water Care limited (sem data) afirma ainda que, à medida que a cidade se tornava mais povoada, a recolha e a eliminação nocturnas de resíduos tornavam-se cada vez mais inaceitáveis. As preocupações do público aumentaram devido ao cheiro e à descarga de águas residuais não tratadas nos riachos e baías locais em redor do porto de

Waitemata.

3.3 Métodos modernos de recolha e tratamento de águas residuais

Morrison & Ekberg (2001) referem que as descargas de esgotos são uma componente importante da poluição da água, contribuindo para a procura de oxigénio e para a carga de nutrientes das massas de água, promovendo a proliferação de algas tóxicas e conduzindo a um ecossistema aquático desestabilizado. O U.S. Department of Health Education and Welfare (sem data) define a poluição da água como a adição à água de quaisquer substâncias, ou a alteração das caraterísticas físicas e químicas da água de qualquer forma que interfira com a sua utilização para fins legítimos (Rana, 2006). Uma vez que as águas residuais têm efeitos adversos no ambiente circundante, bem como na vida das pessoas através da água potável, foram incentivados métodos de recolha e tratamento de águas residuais, por exemplo, os métodos centralizados de tratamento de águas residuais podem também ser classificados como tratamento primário, secundário e terciário (Doorn *et al.,* 2006).

3.3.1 Tratamento primário

Botkin e Keller (2011) são da opinião de que, durante a fase de entrada do tratamento primário, as águas residuais brutas entram na estação a partir da rede de esgotos municipal e passam primeiro por uma série de crivos para remover a matéria orgânica flutuante de grandes dimensões (figura 2). De seguida, as águas residuais entram na câmara de areias, onde são removidas e eliminadas a areia, as pequenas pedras e as gravilhas. A partir daí, vai para o tanque de sedimentação primária, onde as partículas se depositam para formar as lamas. Por vezes, são utilizados produtos químicos para ajudar o processo de sedimentação. As lamas são removidas e transportadas para o digestor para processamento posterior (figura 2). Ainda de acordo com Botkin e Keller (2011), o tratamento primário remove aproximadamente trinta a quarenta por cento da Carência Biológica de Oxigénio (CBO) em volume das águas residuais, principalmente sob a forma de sólidos suspensos e matéria orgânica

3.3.2 Tratamento secundário

Após o tratamento primário, as águas residuais passam para a fase seguinte, na qual os sólidos suspensos remanescentes são decompostos e a carga microbiana é fortemente reduzida (Naidoo & Olaniran, 2013). Existe uma variedade de opções de tratamento secundário que se classificam em três categorias principais, nomeadamente, lagoas de estabilização de águas residuais, sistemas de crescimento em suspensão ou sistemas de película fixa. Esta etapa resulta numa remoção de matéria orgânica de aproximadamente noventa por cento (Naidoo & Olaniran, 2013). Além disso, o tratamento secundário satisfaz grande parte da necessidade de oxigénio do(s) poluente(s) (Tribal Compliance Assistance Center (TCAC), 2008).

Botkin & Keller (2011) explicam ainda que existem vários métodos de tratamento secundário. O tratamento mais comum é conhecido como *lamas activadas*, porque utiliza organismos vivos, na sua maioria bactérias. Neste procedimento, as águas residuais do tanque de sedimentação primário entram no tanque de arejamento, onde são misturadas com ar (bombeado) e com algumas das lamas do tanque de sedimentação final. As lamas contêm bactérias aeróbias que consomem a matéria orgânica (CBO) presente nos resíduos. As águas residuais entram então no tanque de sedimentação final, onde as lamas se sedimentam. Algumas destas lamas activadas, ricas em bactérias, são recicladas e misturadas de novo no tanque de arejamento com ar e novas águas residuais que entram, actuando como um iniciador. As bactérias são utilizadas vezes sem conta. A maior parte das lamas do tanque de sedimentação final, no entanto, é transportada para o digestor de lamas (figura 2). Aí, juntamente com as lamas do tanque de sedimentação primário, são tratadas por bactérias anaeróbias (bactérias que podem viver e crescer sem oxigénio), que degradam ainda mais as lamas por digestão microbiana (Botkin e Keller, 2011).

3.3.3 Tratamento terciário

Os tratamentos primário e secundário não removem todos os poluentes das águas residuais recebidas. Alguns poluentes adicionais, no entanto, podem ser removidos através da adição de mais etapas de tratamento (Botkin & Keller, 2011). Por exemplo, fosfatos e nitratos, produtos químicos orgânicos e metais pesados podem ser removidos por tratamentos especificamente concebidos, como filtros de areia, filtros de carbono e produtos químicos aplicados para ajudar no processo de remoção (Botkin & Keller, 2011). O tratamento terciário (avançado) utiliza uma variedade de abordagens de tratamento biológico, físico e químico para reduzir os nutrientes, os produtos orgânicos e os agentes patogénicos (Tribal Compliance Assistance Center (TCAC), 2008). Mateo-Sagasta *et al.* (2015) o tratamento terciário visa o polimento do efluente antes de ser descarregado ou reutilizado e pode consistir na remoção de nutrientes (principalmente azoto e fósforo), compostos tóxicos, matéria residual em suspensão ou microrganismos (desinfeção com cloro, ozono, radiação ultravioleta ou outros (figura 2)). No entanto, esta terceira fase ou nível raramente é empregue nos países de baixos rendimentos.

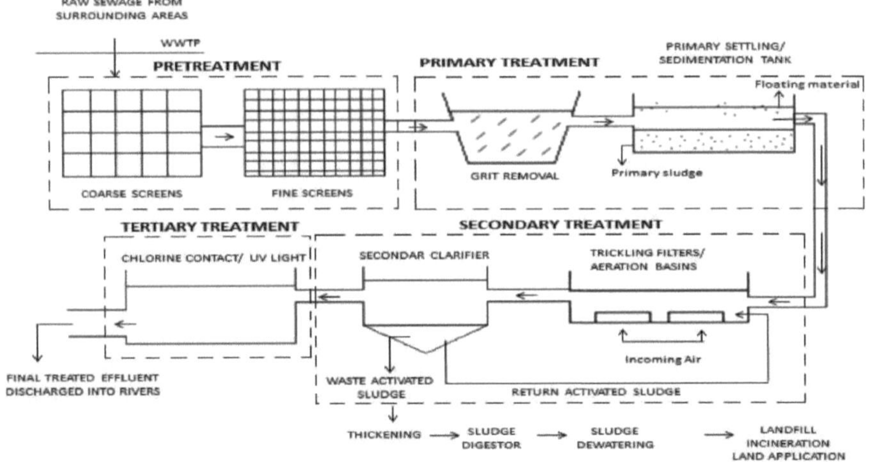

Figura 2: Visão geral das fases de tratamento numa estação de tratamento de águas residuais. Adotado de um estudo realizado por (Naidoo & Olaniran, 2013) tal como adoptaram da EPA e do PNUA.

3.4 Águas residuais nos países desenvolvidos

Um estudo realizado por von Sperlinga & Augusto (1999) sugere que os países desenvolvidos já ultrapassaram as fases básicas dos problemas de poluição da água, e estão atualmente a aperfeiçoar o controlo dos micro-poluentes ou dos impactos dos poluentes em áreas sensíveis. As estratégias de controlo da poluição doméstica (esgotos e resíduos sólidos) têm tido bastante sucesso nos países desenvolvidos, mas enfrentam restrições económicas consideráveis nos países em desenvolvimento (Jining, 2003). De acordo com Doorn *et al.* (2006), os métodos de tratamento de águas residuais mais comuns nos países desenvolvidos são as estações de tratamento de águas residuais aeróbias centralizadas e as lagoas, tanto para as águas residuais domésticas como para as industriais. Para evitar taxas de descarga elevadas ou para cumprir as normas regulamentares, muitas instalações industriais de grande dimensão efectuam um pré-tratamento das suas águas residuais antes de as lançarem no sistema de esgotos.

O Prémio Capital Verde Europeia Nantee (2012-2013) diz que as águas residuais da área metropolitana de Nantes (575.000 h) são tratadas em doze estações de tratamento, com capacidades que variam entre 1.200 habitantes-equivalente (Vertou - Pegers Reigners) e 600.000 habitantes-equivalente (Vallee de Tougas - Nord Loire). No seu conjunto, têm uma capacidade total de 780.000 habitantes-equivalente, que aumentará para 840.000 habitantes-equivalente quando o processo de tratamento biológico atualizado da estação de depuração de Petite Californie (Sud Loire) entrar em funcionamento no final de 2010. Todas as estações de tratamento estão em conformidade com as normas europeias e nacionais. Desde a criação de Nantes Metropole em 2001, as estações de depuração de Mauves-sur-Loire, Le Pellerin e La Montagne foram reconstruídas e tornadas conformes.

Nos países desenvolvidos, onde são aplicadas normas ambientais, grande parte das águas residuais é tratada antes de ser utilizada na irrigação de culturas forrageiras, de fibras e de sementes e, de forma limitada, na irrigação de pomares, vinhas e outras culturas. Outras utilizações importantes das águas residuais incluem a recarga de águas subterrâneas, paisagismo (campos de golfe, auto-estradas, parques infantis, pátios de escolas e parques), indústria, construção, controlo de poeiras, melhoria do habitat da vida selvagem e aquacultura (Hussain et al., 1999).

3.5 Águas residuais nos países em desenvolvimento

Um estudo realizado pelas (Nações Unidas, sem data) revela que até noventa por cento das águas residuais do mundo em desenvolvimento não são tratadas antes de voltarem para o ambiente. Trata-se de uma estatística espantosa, especialmente tendo em conta as implicações das águas residuais não tratadas e a enorme importância de uma boa gestão da água atualmente. Igbinosa & Okoh (2009) salientam que a água contaminada por efluentes de várias fontes está associada a uma grande carga de doenças, o que pode influenciar a atual esperança de vida mais curta nos países em desenvolvimento em comparação com as nações desenvolvidas. Serageldin (1994) é de opinião que os desafios de saúde ambiental que o subsector do saneamento urbano enfrenta nos países em desenvolvimento são de dois tipos. Em primeiro lugar, existe a velha agenda de fornecer a todos os agregados familiares urbanos serviços de saneamento adequados. Em segundo lugar, existe a nova agenda de gestão segura das águas residuais urbanas e de proteção da qualidade dos recursos hídricos vitais para as populações presentes e futuras. Doorn *et al.* (2006) afirma que o grau de tratamento das águas residuais varia na maioria dos países em desenvolvimento. Em alguns casos, as águas residuais industriais são descarregadas diretamente nas massas de água, enquanto que as grandes instalações industriais podem ter um tratamento completo na fábrica. As águas residuais domésticas são tratadas em estações centralizadas, latrinas de fossa, sistemas sépticos ou eliminadas em lagoas ou cursos de água não geridos, através de esgotos abertos ou fechados. Em algumas cidades costeiras, as águas residuais domésticas são descarregadas diretamente no oceano.

Malik *et al.* (2015) referem que os problemas ambientais ocorrem quando as estações de tratamento de águas residuais não têm capacidade para tratar todas as águas residuais que recolhem, ou quando não tratam adequadamente a água. Afirmam ainda que, em muitas cidades dos países em desenvolvimento, as infra-estruturas existentes não são suficientes para tratar todas as águas residuais que recebem. Isto pode ocorrer quando o crescimento da população de uma cidade ultrapassa a construção de instalações de tratamento ou quando uma cidade não tem fundos para manter ou atualizar adequadamente as instalações existentes ao longo do tempo (Mateo-Sasta e Salian, 2012). Como resultado, as instalações de tratamento de água podem descarregar águas residuais parcial ou totalmente não tratadas diretamente no ambiente (Corcoran *et al.*, 2010). Num estudo sobre a carga e a retenção de nutrientes no segmento superior do rio Chinyika, Harare, realizado por Bere (2007), este descobriu que, durante os meses húmidos, uma média de 1242 kg mês^{-1} de fósforo total provinha da bacia hidrográfica acima do escoamento das águas residuais e 531 kg mês^{-1} eram adicionados pelas estações de tratamento de águas residuais.

Um estudo sobre países subdesenvolvidos realizado por Nikiema *et al.* (2012) investiga as estações de tratamento existentes em África; o estudo discute os tipos de processos aplicados, o desempenho de tratamento exigido por país e os principais desafios que dificultam o seu desempenho, bem como a reutilização das águas residuais tratadas.

<u>Desafios no funcionamento das estações de tratamento que Nikiema *et al* (2012) descobriram no seu estudo ou inquérito</u>

O inquérito mostrou que vários desafios influenciam o funcionamento das ETAR. Entre os desafios técnicos, a capacidade insuficiente para lidar com o aumento da carga de águas residuais (por exemplo, devido ao aumento da população) é um problema comummente relatado (Nikiema *et al.,* 2012). No caso de um forte desvio entre a capacidade de recolha e de tratamento de águas residuais, uma parte substancial das águas residuais é libertada sem tratamento (por exemplo, na ETAR de Camberene, no Senegal). Nikiema *et al.* (2012) afirma ainda que outro desafio fundamental que as ETAR em África têm de enfrentar é a variação da carga poluente, causada por descargas não controladas na rede de esgotos (por exemplo, de descargas industriais), em resultado de regulamentos não aplicados. Os cortes de eletricidade são um problema grave nos locais onde se realizam processos com procura de energia. São também referidas más operações e gestão (O&M), que conduzem a uma eliminação inadequada das lamas e à produção de odores, bem como à falta de reinvestimentos.

Nikiema *et al.* (2012), no seu estudo, também expressam que o problema financeiro surge em todos os países, afectando negativamente as operações e a gestão (O&M), a construção (por exemplo, ETAR inacabadas em Marrocos) ou a modernização das ETAR. Os elevados custos da energia são também citados como um constrangimento fundamental em todos os países. Em termos de gestão, podem ser observadas diferenças, dependendo da natureza (pública, privada) dos operadores. No sector público, muitas ETAR sofrem de pesados procedimentos administrativos para a O&M e de falta de planeamento da manutenção a curto prazo. Os trabalhadores responsáveis pelas estações de tratamento carecem frequentemente de capacidade total para as manter e não são motivados ou encorajados a manter as estações de tratamento (Nikiema *et al.*, 2012).

Como resultado, as ETARs fornecem frequentemente efluentes de qualidade insuficiente, causando queixas das partes interessadas. A libertação de águas residuais insuficientemente tratadas no ambiente também é observada quando as estações de tratamento são disfuncionais ou temporariamente desligadas (comum no Gana) (Nikiema *et al.*, 2012).

3.6 Águas residuais - a perspetiva sul-africana

De acordo com o Relatório Gota Verde (2009), a África do Sul construiu uma indústria de gestão de águas residuais substancial que inclui aproximadamente oitocentas e cinquenta estações de tratamento municipais, extensas redes de tubagens e estações de bombagem, transportando e tratando diariamente uma média de 7 589 Mega-litros de águas residuais . O país gere uma importante atividade de tratamento de águas residuais com um valor de substituição de capital estimado em >R 23 mil milhões e uma despesa operacional estimada em >R 3,5 mil milhões por ano (Green Drop Report, 2009). A afirmação acima pode ser enganadora porque, de acordo com um artigo de Mahabeer (2014), o município de Isipingo tem estado a despejar esgotos em bruto e a permitir que canos de esgoto rebentados sejam drenados para o sistema fluvial na South Basin, a sul de Durban, em Kwazulu-Natal. Há muitos anos que o município tem vindo a "maltratar" este precioso sistema de água, que alberga árvores de mangue protegidas e é uma das poucas áreas que ainda suporta estas belas árvores. O artigo refere ainda que os peixes morreram aos milhares e, recentemente, as praias circundantes foram consideradas inseguras para nadar. Também num artigo de der Rheeder (2015) se afirma que o estado degradado das infra-estruturas de água e saneamento nas cidades rurais, especialmente em províncias como o Cabo Oriental, Free State, Mpumalanga, Noroeste e Limpopo, conduziu a incidências crescentes de esgotos em bruto

dos esgotos sanitários municipais que contaminam os sistemas fluviais locais. Igbinosa & Okoh (2009) realizaram um estudo com o objetivo de avaliar o impacto dos efluentes finais tratados de uma estação de tratamento de águas residuais típica de uma comunidade rural do Cabo Oriental na bacia hidrográfica recetora. Os resultados do estudo revelaram uma série de informações, incluindo que os efluentes podem representar um risco significativo para a saúde e o ambiente das comunidades rurais que dependem da água recetora como fonte de água doméstica sem tratamento e podem também afetar o estado de saúde do ambiente aquático na água recetora; o estudo revelou também que houve um impacto adverso nas caraterísticas físico-químicas da bacia hidrográfica recetora em resultado da descarga de efluentes inadequadamente tratados da estação de tratamento de águas residuais.

Sendo um país semi-árido, uma das principais preocupações na África do Sul é a futura procura de água. Um grande constrangimento na gestão dos efluentes municipais, incluindo os das vilas e cidades ao longo da costa sul-africana, é o facto de a descarga de efluentes terrestres não ser atualmente abordada no contexto da futura procura e abastecimento de água (The Department of Environmental Affairs, 2014). Além disso, em vez de planear a recolha, o tratamento e a descarga de efluentes, por exemplo, em toda uma área metropolitana de forma holística, as estações de tratamento de efluentes (WWTW) são normalmente concebidas e operadas de forma fragmentada (The Department of Environmental Affairs, 2014).

Consequentemente, as descargas de efluentes destas ETAR têm frequentemente impactos negativos cumulativos no meio recetor (por exemplo, rios e respectivos estuários) que não foram tidos em conta nem na conceção nem nas operações dessas ETAR (The Department of Environmental Affairs, 2014).

Morrison *et al.* (2001) no seu estudo avaliaram o impacto da poluição de fonte pontual da Estação de Tratamento de Esgotos de Keiskammahoek no Rio Keiskamma. Eles relataram que os problemas experimentados pelo Governo Local Transitório com as descargas de esgotos no rio aumentaram quando as unidades habitacionais do RDP foram ligadas à Estação de Tratamento de Esgotos de Keiskammahoek (KSTP) sem qualquer ampliação do sistema de reticulação. Desde então, têm-se registado regularmente desvios devido a transbordamentos. A estação de tratamento existente foi construída como um sistema de lagoas anaeróbias/aeróbias, o que significa que o tratamento das águas residuais ocorre naturalmente sem adição de produtos químicos. O problema de uma carga de afluência demasiado elevada resulta num nível de depuração deficiente das águas residuais e, consequentemente, na poluição do rio recetor, o rio Keiskamma. Também Kritzinger (2011) afirmou que quase dois terços das estações de tratamento de águas residuais do Cabo Oriental representam um risco grave para a saúde pública, de acordo com o último Relatório Gota Verde. Relativamente ao desempenho operacional das cento e vinte e três estações de tratamento de águas residuais da província , o documento descreve setenta como estando em estado crítico, enquanto outras vinte apresentam um desempenho muito fraco. Além disso, refere que cinquenta das estações de tratamento de águas residuais da região foram classificadas como de alto risco e outras vinte e nove como um risco crítico para os recursos hídricos locais e para a saúde pública.

3.7 Impactos na saúde e no ambiente associados a águas residuais mal tratadas ou à descarga de efluentes

Mema (sem data) afirma que as investigações conduzidas nos recursos hídricos da África do Sul mostraram que o mau funcionamento e a manutenção das estações de tratamento de águas residuais e de esgotos têm um grande impacto tanto no ambiente como na saúde humana. Akpor e Muchie (2011) afirmam ainda que a qualidade dos efluentes das águas residuais é responsável pela degradação das massas de água receptoras. Isto porque os efluentes de águas residuais não tratados ou tratados de forma inadequada conduzem à eutrofização das massas de água receptoras e criam também condições ambientais que favorecem a proliferação de agentes patogénicos transmitidos pela água e de cianobactérias produtoras de toxinas. Eddy (2003) salienta que os sólidos em suspensão podem cobrir o rio, impedindo a respiração da flora e da fauna bentónicas, que acabam por sufocar devido à indisponibilidade de oxigénio. Além disso, os utilizadores recreativos da água e qualquer outra pessoa que entre em contacto com a água infetada estão em risco (Akpor e Muchie, 2011). Eddy (2003) salienta que correm o risco de contrair doenças, tais como perturbações gastrointestinais, devido às bactérias e aos vírus presentes nos efluentes das águas residuais.

A falta de manutenção adequada das infra-estruturas de tratamento de águas residuais e de esgotos tem levado à deposição de efluentes com vários tipos de poluentes nos recursos hídricos (Mema, sem data). Eddy, (2003) observa que quando os esgotos são descarregados nos rios há uma redução na concentração de oxigénio dissolvido na água recetora, e isto deve-se à sua absorção de matéria orgânica na presença de bactérias. Num artigo de (Ellis, 2015), Port Elizabeth está a enfrentar um grande desastre ecológico, com infra-estruturas de saneamento em colapso e milhares de litros de esgoto bruto a fluir para o rio Swartkops nos últimos três meses. Afirma ainda que as comunidades ribeirinhas estão a ficar doentes, as actividades de remo e vela foram cortadas e um fedor insuportável (um cheiro forte e muito desagradável) paira sobre a área. Por último, refere que as pessoas foram avisadas para não comerem peixe do rio muito poluído.

3.8 Conclusão

De acordo com Corcoran *et al.* (2010), a redução da descarga não regulamentada de águas residuais e a garantia de água potável estão entre as intervenções mais importantes para melhorar a saúde pública global e alcançar o desenvolvimento sustentável. Os efluentes de águas residuais podem alterar o estado natural de uma massa de água recetora e causar problemas de poluição da água, como a eutrofização, bem como uma diminuição do número de espécies aquáticas. Um estudo efectuado por Malik *et al.* (2015) afirmou que os problemas ambientais ocorrem quando as estações de tratamento de águas residuais não têm capacidade para tratar todas as águas residuais que recolhem ou quando não tratam adequadamente a água.

E parece que os países desenvolvidos têm melhores formas de gerir e tratar as águas residuais antes de as reintroduzirem novamente nas massas de água receptoras, em comparação com as nações em desenvolvimento, o que é evidente no estudo realizado (Nikiema *et al.,* 2012), que teve como alvo sete países africanos, ou seja, Argélia, Burkina Faso, Egito, Gana, Marrocos, Senegal e Tunísia. O seu estudo mostrou que vários desafios influenciam o funcionamento das ETARs, tais como a capacidade insuficiente para lidar com o aumento da carga de resíduos (por exemplo, devido ao aumento da população), que é considerado um problema comum. No caso de um forte desvio entre a capacidade de recolha e de tratamento das águas residuais, uma parte substancial das águas residuais é libertada sem tratamento (por exemplo, na ETAR de Camberene, no Senegal).

Na África do Sul, as autarquias locais também se debatem com dificuldades em termos de gestão das águas residuais, o que é evidente nos artigos de notícias acima citados, pois o envelhecimento da capacidade das infra-estruturas, bem como outros factores, impõem sérias ameaças não só ao ambiente, mas também aos seres humanos e a outros organismos que dependem da água. Um artigo escrito por (Kritzinger, 2011) intitula-se: E Cape sewage health risk, a Ministra da Água e do Ambiente, Edna Molewa, expressou a sua preocupação, enquanto responsável política, com o facto de ainda existir na África do Sul uma situação em que alguns dos municípios continuam a lutar para chegar a um nível de contabilidade sobre a qualidade da água no Cabo Oriental, no Limpopo e noutras províncias mais pobres. O financiamento é uma questão importante, porque para melhorar estas ETARs de modo a que cumpram as normas e estejam em conformidade com os regulamentos, é necessário disponibilizar recursos materiais para o efeito e os municípios precisam de dinheiro para melhorar as infra-estruturas das suas ETARs.

CAPÍTULO 4

METODOLOGIA DE INVESTIGAÇÃO

4.1 Introdução

Esta parte da investigação trata da conceção da investigação ou dos métodos que foram utilizados na recolha e análise da informação. A investigação de métodos mistos foi utilizada como forma de recolher conhecimentos aprofundados sobre o assunto em causa. Creswell & Plano Clark (2007) são de opinião que, enquanto metodologia, envolve pressupostos filosóficos que orientam a direção da recolha e análise de dados, bem como a mistura de abordagens qualitativas e quantitativas em muitas fases do processo de investigação. Como método, centra-se na recolha, análise e combinação de dados quantitativos e qualitativos num único estudo ou numa série de estudos. A sua premissa central é que a utilização de abordagens quantitativas e qualitativas combinadas permite uma melhor compreensão dos problemas de investigação do que qualquer uma das abordagens isoladamente (Creswell & Plano Clark, 2007).

4.2 Métodos mistos (dados de investigação quantitativos e qualitativos)

Os métodos de investigação quantitativa caracterizam-se pela recolha de informações que podem ser analisadas numericamente, cujos resultados são normalmente apresentados através de estatísticas, tabelas e gráficos (ACAPS, 2012). Enquanto a investigação qualitativa é um termo genérico que abrange uma variedade de estilos de investigação social, recorrendo a uma variedade de disciplinas (Denscombe, 2003), a investigação qualitativa preocupa-se com o desenvolvimento de explicações dos fenómenos sociais. Ou seja, o seu objetivo é ajudar-nos a compreender o mundo social em que vivemos e porque é que as coisas são como são (Hancock *et al*, 2007). Para esta investigação em particular, foram utilizadas entrevistas, questionários, observações diretas, imagens e outros métodos de recolha de dados, bem como alguns dos dados foram analisados através do SPSS (Statistical Package for the Social Sciences) para receber e categorizar informações numéricas sobre estes dados adquiridos e representá-los sob a forma de tabelas e gráficos.

4.3 Recolha de dados secundários

Os dados secundários são informações que já foram recolhidas e estão normalmente disponíveis em formato publicado ou eletrónico. Os dados secundários foram frequentemente recolhidos, analisados e organizados com um objetivo específico em mente, pelo que podem ter aplicações limitadas a estudos de mercado específicos (Curtis, sem data).

Para este estudo, foram utilizados dados secundários para vários fins e de várias fontes diferentes para obter o máximo de informações relevantes sobre o tema em questão, bem como sobre a área de investigação.

Seguem-se as fontes de dados secundários e o objetivo da sua utilização para esta investigação:

- Fotografias aéreas "com todas as camadas espaciais" (de Kwa-Nobuhle datadas de 2004, 2011 e 2013 para fazer comparações, identificando as infra-estruturas de desenvolvimento ao longo dos anos).
- Mapa histórico (de Kwa-Nobuhle datado de 1994 para ajudar a identificar as infra-estruturas de desenvolvimento e a área residencial total de 1994 e até à data).
- Documentos de monitorização do efluente da ETAR (para avaliar as

variáveis do efluente recebido e medido ou avaliado pela ETAR para verificar se há melhorias ou alterações na depuração do efluente pela ETAR).

- Estatutos (para identificar as legislações relativas ou aplicáveis).
- Fontes ou sítios Web em linha (como DocStore, Science Diret, etc., para obter documentos publicados relevantes para informação).
- Livros de texto publicados na biblioteca (para obter mais informações de base ou literatura sobre o tema).
- Artigos de jornais (para observar se existem incidentes de águas residuais que são ou foram relatados nas notícias).
- Dados publicados por agências governamentais (como os relatórios regulamentares da Gota Verde, que ajudaram a obter uma visão geral da situação das estações de tratamento de águas residuais não só no Cabo Oriental, mas no país ou na nação em geral).

4.4 Recolha de dados primários

Os dados primários são recolhidos especificamente para resolver o problema em questão e são conduzidos pelo decisor, uma empresa de marketing, uma universidade ou um investigador de extensão. Ao contrário dos dados secundários, os dados primários não podem ser encontrados noutro local. Os dados primários podem ser recolhidos através de inquéritos, grupos de discussão ou entrevistas aprofundadas, ou através de experiências como testes de sabor (Curtis, sem data).

4.4.1 Entrevistas

Hancock *et al*, 2007, refere que a entrevista pode, num extremo, ser estruturada, com perguntas preparadas e apresentadas a cada entrevistado de forma idêntica, utilizando uma ordem rigorosa pré-determinada. No outro extremo, as entrevistas podem ser completamente não estruturadas, como uma conversa livre. Os investigadores qualitativos empregam geralmente entrevistas "semi-estruturadas" que envolvem uma série de perguntas abertas baseadas nas áreas temáticas que o investigador pretende cobrir.

Para esta investigação, um candidato como um informador-chave na ETAR, funcionários membros do município local, membros da comunidade foram sujeitos a entrevistas estruturadas e não estruturadas. Através de discussões presenciais entre o entrevistador e o entrevistado, também foram realizados grupos de discussão com membros da comunidade para ver como os participantes interagem uns com os outros e influenciam as ideias ou opiniões dos outros sobre o assunto em questão.

4.4.2 Observações diretas

De acordo com Powell & Steele, sem data, "Ver" e "ouvir" são fundamentais para a observação. A observação oferece a oportunidade de documentar actividades, comportamentos e aspectos físicos sem ter de depender da vontade e da capacidade das pessoas para responder a perguntas.

Com as observações diretas, foram realizadas visitas anunciadas ao local de estudo e visitas aleatórias não anunciadas à área. Estes dois processos foram de importância vital porque o investigador pôde comparar situações em termos de preparação e operações na área ou local de estudo.

4.4.3 Questionários

De acordo com Denscombe (2003), os questionários, especialmente quando utilizados como parte de um inquérito postal alargado, não fornecem resultados imediatos. Por conseguinte, o investigador deve ter em conta o período de tempo que provavelmente será necessário para que os resultados do questionário estejam disponíveis para análise. Um questionário é simplesmente um instrumento de recolha e registo de informações sobre uma determinada questão de interesse. É constituído principalmente por uma lista de perguntas, mas também deve incluir instruções claras e espaço para respostas ou pormenores administrativos. Os questionários devem ter sempre uma finalidade definida que esteja relacionada com os objectivos da investigação e deve ser claro desde o início como é que os resultados serão utilizados. Os inquiridos também devem ser informados do objetivo da investigação sempre que possível, e devem ser informados de como e quando receberão feedback sobre os resultados (Research & Consultation Guide (RCG), sem data).

Foram também utilizadas questões relevantes para o estudo, uma vez que são a forma mais adequada de obter uma grande quantidade de dados quantitativos. Foram distribuídos aleatoriamente cerca de trinta questionários aos habitantes locais que residem perto da estação de tratamento de águas residuais, bem como ao membro do pessoal (controlador do processo) dentro da estação de tratamento de águas residuais e a outras situações próximas, como o hospital local, a escola e o centro comercial. Para esta investigação, foram utilizados questionários abertos para obter informações mais aprofundadas.

4.4.4 Imagens

Denscombe (2003) afirma que a imagem em si pode ser valiosa como fonte de informação factual. Para ajudar a lidar com a informação contida em grandes colecções de imagens, os investigadores podem utilizar a análise de conteúdo, e é perfeitamente possível produzir dados quantitativos como parte da análise de imagens.

CAPÍTULO 5

APRESENTAÇÃO DOS DADOS E DISCUSSÃO DOS RESULTADOS

1.1 Introdução

Este capítulo trata dos resultados da investigação, da análise dos dados, bem como da apresentação dos dados obtidos na área de estudo. Aqui, o investigador tenta apresentar e cumprir as metas e os objectivos do estudo proposto.

1.2 Apresentação dos dados

A Figura 3 é sobre o género dos inquiridos, e esta figura revela que 60,00% dos participantes nesta investigação eram predominantemente do sexo masculino e 40,00% dos participantes eram do sexo feminino. O investigador acredita que isto se deve ao facto de os participantes do sexo masculino estarem mais interessados e dispostos a participar nesta investigação.

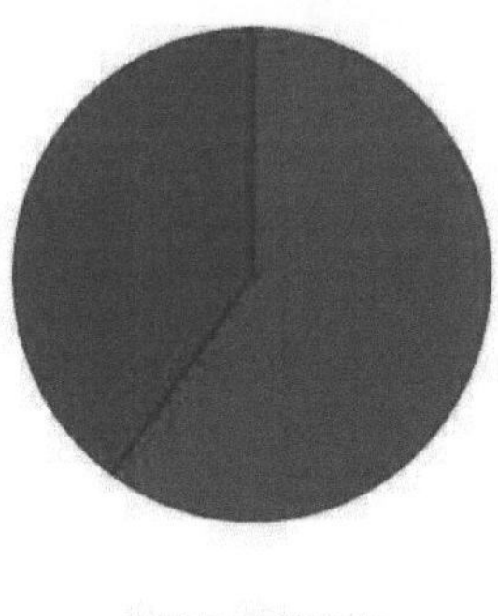

Figura 3: Mostra as percentagens de géneros da população amostrada.

Fonte: Trabalho de campo, 2015

A figura 4 revela que 40,00% dos inquiridos pertencem à faixa etária dos 15-25 anos e 26,67% dos inquiridos pertencem à faixa etária dos 45-55 anos.

Também a figura 3 revela que 16,67% dos inquiridos têm idades compreendidas entre os 25 e os 35 anos e 10,00% dos inquiridos têm idades compreendidas entre os 35 e os 45 anos, e também a figura 3 mostra que 3,33% dos inquiridos têm idades compreendidas entre os 55 e os 65 anos e 3,33% dos inquiridos têm idades superiores a 65 anos.

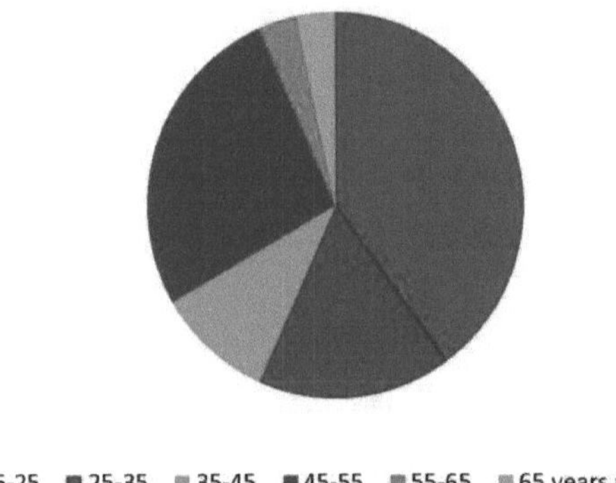

Figura 4: Mostra as percentagens da distribuição etária dos inquiridos.

Fonte: Trabalho de campo, 2015

A figura 5 mostra que 63,33% dos inquiridos ou participantes são solteiros, e a placa 3 revela que 20,00% dos inquiridos são casados e 10,00% dos inquiridos são separados e, por último, 3,33% dos inquiridos ou participantes são divorciados, assim como 3,33% dos inquiridos são viúvos.

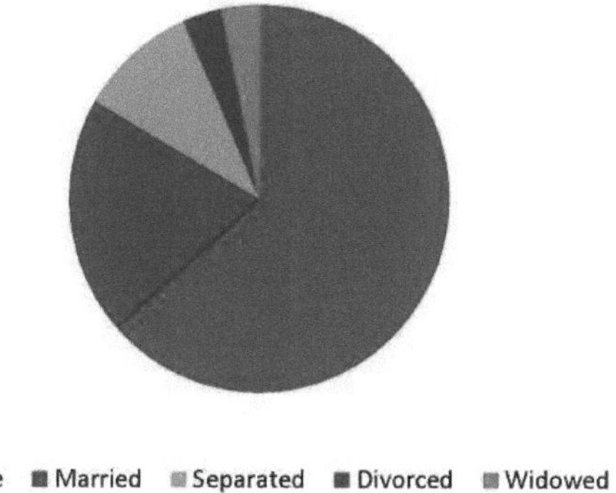

Figura 5: Mostra o estado civil dos inquiridos.

Fonte: Trabalho de campo, 2015

A Figura 6 mostra que 50,00% dos inquiridos têm o ensino secundário como nível de escolaridade, 30,00% dos inquiridos ou participantes são licenciados, 13,33% dos inquiridos são pós-graduados e, por último, 6,67% têm o ensino primário como nível de escolaridade.

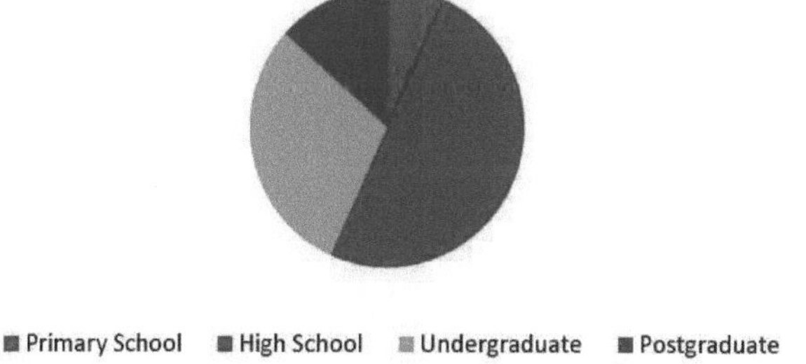

Figura 6: Mostra os níveis de escolaridade dos inquiridos.

Fonte: Trabalho de campo, 2015

A figura 7 mostra que 46,67% dos inquiridos estão desempregados e 26,67% dos inquiridos têm um emprego permanente. Também a placa 6 revela que 16,67% dos inquiridos em termos de ocupação são académicos e 6,67% dos inquiridos são trabalhadores por conta própria, enquanto 3,33% dos inquiridos são trabalhadores ocasionais.

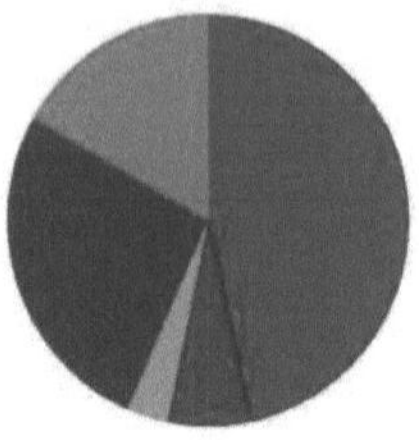

Figura 7: Mostra os níveis profissionais dos inquiridos.

Fonte: Trabalho de campo, 2015

A Figura 8 mostra que 66,67% dos inquiridos responderam que sim, que compreendem o significado de águas residuais e 30,00% dos inquiridos responderam que não, enquanto 3,33% dos inquiridos responderam que não à pergunta acima referida.

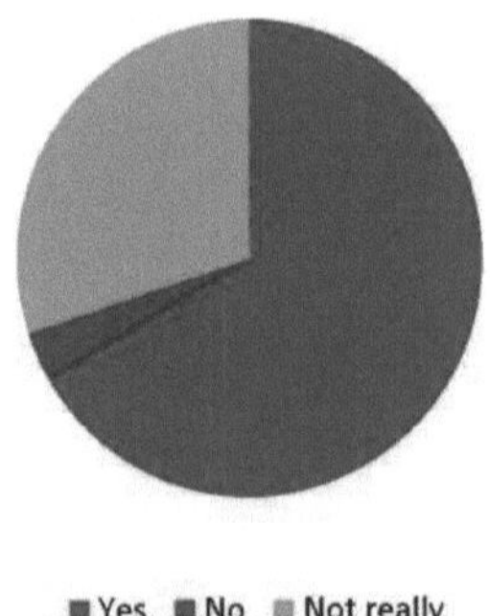

Figura 8: Mostra a percentagem de respostas à pergunta sobre o entendimento das comunidades sobre o significado de águas residuais.

Fonte: Trabalho de campo, 2015

A Figura 9 mostra que 66,67% dos membros da comunidade já reportaram ou tiveram uma queixa sobre as actividades realizadas ou a ocorrer na estação de tratamento, enquanto 33,33% responderam não à pergunta acima referida.

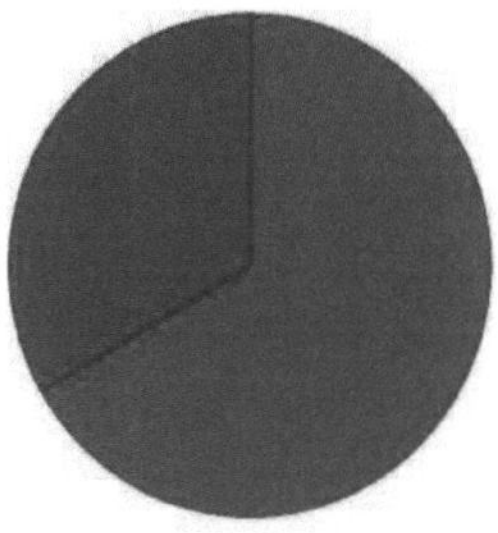

Figura 9: Mostra a percentagem de pessoas que apresentaram queixas sobre a estação de tratamento de águas residuais e a percentagem das que não o fizeram.

Fonte: Trabalho de campo, 2015

A figura 10 revela que a maioria dos inquiridos (66,67%) respondeu NÃO à pergunta, ao passo que 33,33% dos inquiridos (uma minoria) disseram ou responderam SIM à pergunta acima referida.

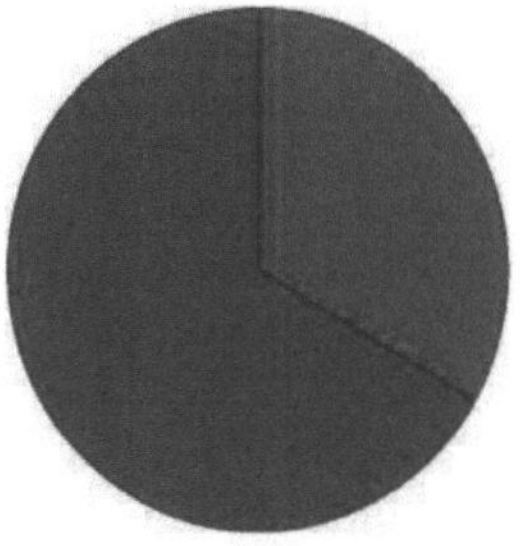

Figura 10: Mostra a resposta dos participantes à questão sobre as campanhas de sensibilização da comunidade que foram realizadas pelo município na sua comunidade para aumentar a consciencialização sobre o uso eficiente da água e a minimização das águas residuais e os impactos das águas residuais.

5.3 Discussão dos resultados

5.3.1 Identificação do desenvolvimento das infra-estruturas

As infra-estruturas são cruciais para o progresso de uma comunidade ou sociedade e para a promoção da dignidade humana; os mapas seguintes são utilizados como referência para identificar o desenvolvimento das infra-estruturas da comunidade de Kwa-Nobuhle, cujo desenvolvimento é, por sua vez, servido pela ETAR de Kwa-Nobuhle.

Mapa 5: Povoações informais de Kwa-Nobuhle em relação às povoações formais

Fonte: Município de Nelson Mandela Bay

O mapa histórico (Mapa 5) procura revelar os aglomerados informais da região de Kwa-Nobuhle. Estes aglomerados são representados pelas zonas densas ou povoadas numeradas 1,2,3,5 e 6.

Mapa 6: Mostra a área informal 5A de Kwa-Nobuhle (Hani/Ramaphosa) em relação à área formal, com destaque para o mapeamento das condutas de esgotos, água e efluentes.

Fonte: Município de Nelson Mandela Bay

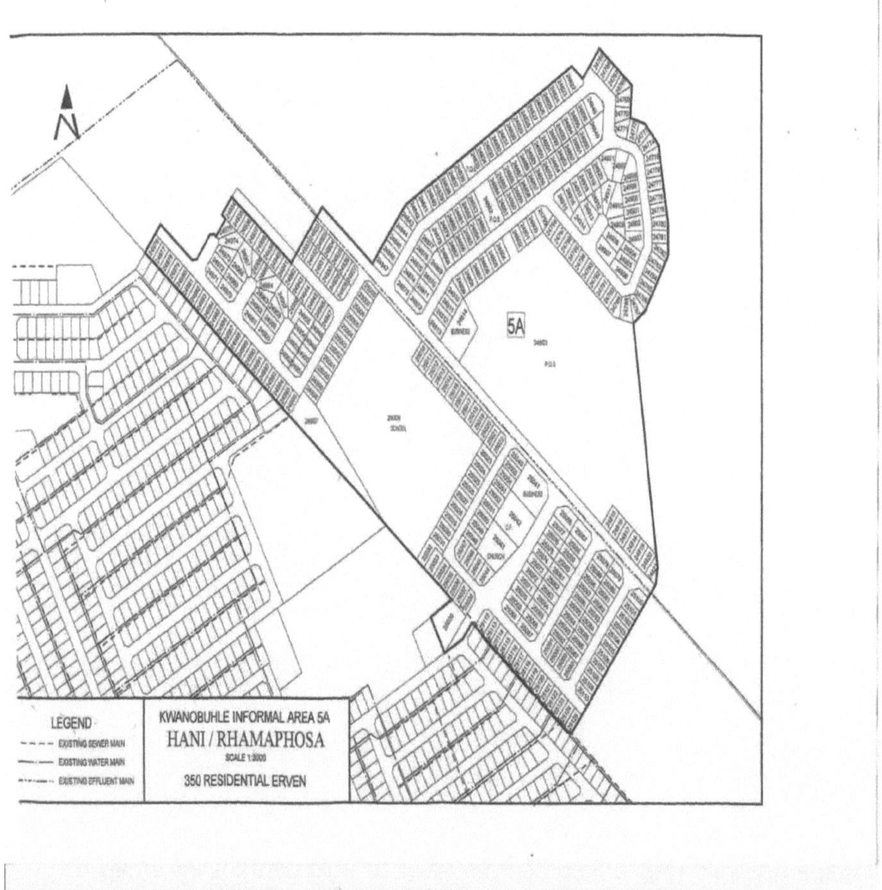

O mapa histórico (Mapa 6) amplia e revela que, nessa altura, Chris Hani/Ramaphosa não tinha esgotos, água e canos de efluentes (a situação em Hani/Ramaphosa era a mesma para outras áreas informais numeradas 1,2,3,5 e 6 no mapa histórico 5) porque esta área era considerada um assentamento informal, não havia habitações do PDR nesta área nessa altura. nessa altura. É evidente que, nessa altura, algumas zonas de Kwa-Nobuhle não eram servidas pela ETAR de Kwa-Nobuhle.

Mapa 7: Mostra as áreas desenvolvidas mais antigas a preto e as regiões recentemente desenvolvidas a azul.

Fonte: Município de Nelson Mandela Bay

Este mapa (Mapa 7) representa a situação em Kwa-Nobuhle no ano de 2004, as áreas a azul são áreas recentemente desenvolvidas, na sua maioria nas zonas exteriores da comunidade, onde tiveram lugar os projectos de habitação do PDR, o que basicamente mostra que a cidade está a expandir-se. Foram construídas casas e instaladas condutas de esgotos, água e efluentes, o nível de vida foi melhorado e as pessoas estão a viver uma vida digna. Estas condutas de esgotos, de água e de efluentes ligam-se às condutas principais de esgotos, de água e de efluentes existentes, representadas no mapa histórico 6. As águas residuais destes agregados familiares juntam-se às águas residuais produzidas na área já existente ou desenvolvida de Kwa-Nobuhle e vão diretamente para a ETAR de Kwa-Nobuhle.

Um estudo revisto mostra que a expansão das cidades exerce pressão sobre os sistemas de água e de resíduos, que não conseguem dar resposta à procura. Depois, os bloqueios nos sistemas de esgotos, a capacidade de tratamento inadequada e a má gestão resultam na descarga de esgotos parcialmente tratados e não tratados no rio e nas barragens (Strydom, 2004). Também Morrison *et al.* (2001), no seu estudo em que avaliaram o impacto da poluição pontual da Estação de Tratamento de Esgotos de Keiskammahoek no rio Keiskamma, referiram que os problemas sentidos pelo Governo Local de Transição com as descargas de esgotos no rio aumentaram quando as unidades habitacionais do RDP foram ligadas à Estação de Tratamento de Esgotos de Keiskammahoek (KSTP) sem qualquer ampliação do sistema de reticulação. Desde então, o desvio das águas residuais devido a transbordos tem ocorrido regularmente. Também referiram que o problema de uma carga de afluência demasiado elevada resulta num nível de depuração das águas residuais deficiente e, consequentemente, na poluição do rio recetor, que é o rio Keiskamma.

Figura 11: O centro comercial recentemente construído (39228) junto à ETAR e outros empreendimentos circundantes, que são servidos pela ETAR de Kwa-Nobuhle

Fonte: Município de Nelson Mandela Bay

Mapa 8: Mostra claramente o zonamento da propriedade ou desenvolvimento perto da ETAR de Kwa-Nobuhle (KWWTW)

Fonte: Avaliação do Impacto Ambiental da Expansão da Estação de Tratamento de Águas Residuais de Kwa-Nobuhle

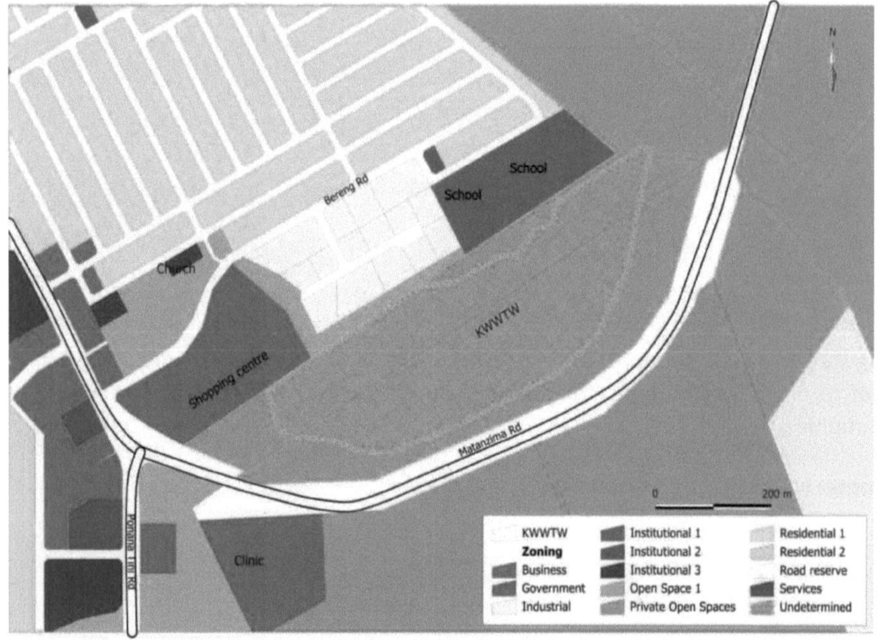

A figura 12 e o mapa 8 mostram o centro comercial recentemente construído (39228) junto à ETAR (esse centro comercial abriu as portas no ano de 2010), um hospital local (clínica) (4839), escolas e outros empreendimentos circundantes que são servidos pela ETAR de Kwa-Nobuhle. A leste da ETAR de Kwa-Nobuhle existe uma lagoa (5876), que o controlador do processo da ETAR disse ser o local onde desviam e armazenam o afluente e as lamas depois de terem testado a Demanda de Oxigénio de Carbono (COD) (este teste mede as substâncias que consomem oxigénio ou a força orgânica de uma amostra de águas residuais). Numa entrevista com membros da comunidade, estes afirmam que há um mau cheiro proveniente da ETAR e que nem sequer conseguem abrir as janelas e portas das suas casas devido ao cheiro horrível.

Também os professores das escolas próximas, como a escola primária de Ntlameza, afirmam que os seus filhos são diretamente afectados pelo odor da ETAR e que o local é um viveiro de insectos, como os mosquitos, que tendem a afectá-los diretamente. Como alguns dos questionários foram distribuídos aos proprietários de lojas dentro do centro comercial, a maioria deles também se queixava do odor desagradável que é gerado por esta ETAR.

Imagem 1: Mostra uma parte da ETAR onde começa a ocorrer o tratamento primário.

Fonte: Trabalho de campo, 2015

A imagem 1 mostra exatamente onde ocorre o tratamento primário na estação. Como referido por Botkin e Keller (2011), durante a fase de tratamento primário, o esgoto bruto que entra na estação a partir da rede de esgotos municipal passa primeiro por uma série de crivos para remover a matéria orgânica flutuante de grandes dimensões (figura 2 do capítulo de revisão da literatura).

Neste caso, a razão pela qual existem carrinhos de mão e um grande contentor na imagem 1 é porque existe um bloqueio na fase primária do tratamento, conhecida como processo de crivagem. Esta situação é causada pela acumulação de sólidos, tal como referido por , o controlador do processo da fábrica. Numa entrevista com ele, explicou ainda que, se o processo de triagem não estiver totalmente funcional, haverá uma acumulação de resíduos sólidos, como plásticos, papéis, areia e detritos, que passarão para o reator, o que resultará no mau funcionamento do reator e também no entupimento de condutas, bem como no entupimento ou danificação de bombas. Isto pode resultar numa depuração deficiente das águas residuais. E este esgoto ou efluente inadequadamente purificado terá, por sua vez, um efeito ou impacto negativo no rio Brak, que é um rio próximo do qual o efluente final é descarregado.

Imagem 2: Mostra o tanque de arejamento 2 não funcional

Fonte: Trabalho de campo, 2015

A partir do processo de triagem, as águas residuais seguem para os tanques de arejamento 1 e 2 da ETAR de Kwa-Nobuhle, de acordo com o controlador de processo da estação. A imagem 2 revela o tanque de arejamento 2 não funcional da ETAR de Kwa-Nobuhle. Uma vez que os reactores deste tanque de arejamento não funcionam, as águas residuais são desviadas para o tanque de arejamento 1 através de bombas e tubagens (imagens 3 e 4), duplicando a capacidade de carga e afectando também a funcionalidade do tanque de arejamento 1, o que constitui um problema, segundo o controlador do processo. Morrison *et al.* (2001) observaram que um problema de carga de entrada demasiado elevada resulta num nível de depuração deficiente das águas residuais e, consequentemente, na poluição do rio recetor. O que está a ocorrer nos tanques de arejamento é o processo de tratamento secundário.

Imagem 3: Mostra as bombas que são utilizadas para desviar as águas residuais do tanque de arejamento 2 para o tanque de arejamento 1.

Fonte: Trabalho de campo, 2015

Imagem 4: Mostra as águas residuais bombeadas do tanque de

aeração 2 entrando no tanque de aeração 1, juntamente com as águas residuais que normalmente são recebidas pelo tanque de aeração 1.

Fonte: Trabalho de campo, 2015

Imagem 5: Mostra o tanque de arejamento 1

Fonte: Trabalho de campo, 2015

A imagem 5 mostra o tanque de arejamento 1, para onde são desviadas as águas residuais do tanque de arejamento 2. Como a imagem mostra, alguns dos arejadores não estão a funcionar, pelo que existe uma manta de sólidos suspensos (SS) na água junto ao arejador.

Por último, num documento intitulado "Expansão da Avaliação do Impacto Ambiental da Estação de Tratamento de Águas Residuais de Kwa-Nobuhle", elaborado e produzido pela GIBB engineering and science (2012), concluíram que "Como o caudal atual da ETAR de Kwa-Nobuhle já excede a capacidade geral da ETAR, é fundamental que o projeto de modernização seja iniciado imediatamente. O programa de modernização demorará mais de três anos até que a ampliação possa ser posta em funcionamento, o que significa que os problemas de capacidade aumentarão, o que poderá ter um impacto negativo no ambiente e na comunidade. No entanto, tendo salientado a necessidade de expansão das obras de tratamento de água, há uma série de questões ambientais que precisam de ser resolvidas".

5.3.2 Nível de conformidade da ETAR de Kwa-Nobuhle com os limites de qualidade dos efluentes (normas) estipulados pelo Department of Water Affairs (DWA)

Akpor e Muchie (2011) salientam no seu estudo que, para cumprir a legislação e as diretrizes relativas às águas residuais, é necessário um tratamento adequado antes da descarga. Este objetivo pode ser alcançado através da aplicação de processos de tratamento adequados, que ajudarão a minimizar os riscos para a saúde pública e o ambiente.

Para determinar a conformidade, o investigador reviu e analisou os documentos de monitorização chamados "RESULTADOS ANALÍTICOS DE AMOSTRAS TOMADAS" do esgoto bruto (afluente) que é recebido pela ETAR de Kwa-Nobuhle e do efluente final de saída, mas prestando mais atenção ao efluente final, porque o final é um produto do que passou pelos processos de tratamento. Estes documentos são utilizados para calcular e determinar a conformidade, estabelecendo limites ou normas de qualidade dos efluentes, tal como referido pelo controlador do processo da ETAR. Além disso, na pergunta 5 da secção D dos questionários de investigação dirigidos aos membros do pessoal da ETAR de Kwa-Nobuhle, foi salientado que o papel do Departamento dos Assuntos Hídricos e do município local na ETAR é "assegurar que cumprimos as normas exigidas no que diz respeito à gota verde". Eddy (2003) salienta que os requisitos mínimos de monitorização especificam as variáveis subsequentes a serem utilizadas como indicadores na monitorização das águas residuais:

- Carência química de oxigénio (CQO)
- Amoníaco
- Fosfatos

Variáveis adicionais associadas às águas residuais de esgotos:

- pH
- Condutividade eléctrica (CE)
- Nitratos
- *E. Col*

Tabela 2: Resultados analíticos das amostras colhidas na ETAR de Kwa-Nobuhle em 25-03-2015

Fonte: Obras de recuperação de água de Kwa-Nobuhle, 2015

NELSON MANDELA METROPOLITAN MUNICIPALITY - INFRASTRUCTURE & ENGINEERING

SCIENTIFIC SERVICES

KWANOBUHLE WATER RECLAMATION WORKS

ANALYTICAL RESULTS OF SAMPLES TAKEN

(Results are expressed in mg/l unless otherwise stated)

	pH	EC	COD	PV	SS	NH_3-N	NO_3+NO_2	Cl	PO_4	ALK
STD Limit of Intake	5.5 - 9.5	< 75	75	10	25	10	15		1	
25-03-2015										
SEWAGE	8.2	197.4	1654	118	852	130.3		257	11.6	603
TANK 1 EFFLUENT	7.9	118.4	61	9	10	44.0	0.3	192	1.6	
TANK 2 EFFLUENT										
FINAL EFFLUENT	7.9	117.2	112	14	65	39.2	0.2	175	1.7	238
UP STREAM										
DOWN STREAM										
St Albance										
DWA KNBF	7.7	116.5	114	13	61	39.0	0.3	176	2.0	238

	MLSS	SRSS	SVI	DSVI
SAMPLE				
AERATION TANK	5330	6730	186	141
AERATION TANK 2				

Tabela 3: Resultados analíticos das amostras colhidas na ETAR de Kwa-Nobuhle em 10-07-2015

Fonte: Obras de recuperação de água de Kwa-Nobuhle, 2015

NELSON MANDELA METROPOLITAN MUNICIPALITY - INFRASTRUCTURE & ENGINEERING

SCIENTIFIC SERVICES

KWANOBUHLE WATER RECLAMATION WORKS

ANALYTICAL RESULTS OF SAMPLES TAKEN

(Results are expressed in mg/l unless otherwise stated)

	pH	EC	COD	PV	SS	NH_3-N	NO_3+NO_2	Cl	PO_4	ALK
STD Limit of Intake	5.5 - 9.5	< 75	75	10	25	10	15		1	
10-07-2015										
SEWAGE	7.7	264.6	716	54	*	69.6		516	6.2	460
TANK 1 EFFLUENT	7.3	189.7	99	11	*	4.0	0.5	396	1.2	
TANK 2 EFFLUENT										
FINAL EFFLUENT	7.0	185.8	66	8	*	3.9	0.8	396	1.4	171
UP STREAM										
DOWN STREAM										
St Albance										

DWA KNBF										

	MLSS	SRSS	SVI	DSVI
SAMPLE				
AERATION TANK 1	*	*	*	*
AERATION TANK 2				

* = Faulty Instrument

Tabela 4: Resultados analíticos das amostras colhidas na ETAR de Kwa-Nobuhle em 14-07-2015

Fonte: Obras de recuperação de água de Kwa-Nobuhle, 2015

NELSON MANDELA METROPOLITAN MUNICIPALITY - INFRASTRUCTURE & ENGINEERING

SCIENTIFIC SERVICES

KWANOBUHLE WATER RECLAMATION WORKS

ANALYTICAL RESULTS OF SAMPLES TAKEN

(Results are expressed in mg/l unless otherwise stated)

	pH	EC	COD	PV	SS	NH_3-N	NO_3+NO_2	Cl	PO_4	ALK
STD Limit of Intake	5.5 - 9.5	< 75	75	10	25	10	15		1	
14-07-2015										
SEWAGE	7.7	221.5	585	41	260	61.3		455	5.6	392
TANK 1 EFFLUENT	7.3	177.5	46	8	10	4.2	1.5	392	0.6	
TANK 2 EFFLUENT										
FINAL EFFLUENT	6.9	178.1	46	7	15	4.8	1.5	401	0.7	184
UP STREAM	7.3	181.4	35	4	26	0.7	2.4	483	0.1	
DOWN STREAM	7.4	212.8	38	5	26	1.2	2.4	569	0.3	
St Albance	7.7	270.1	40	7	22	0.1	1.9	752	0.5	
DWA KNBF										

	MLSS	SRSS	SVI	DSVI
SAMPLE				
AERATION TANK 1	4710	7500	212	223
AERATION TANK 2				

Uma citação direta do controlador de processos da ETAR de Kwa-Nobuhle "para que a ETAR de Kwa-Nobuhle esteja em conformidade com qualquer

legislação ou normas, temos primeiro de cumprir o limite de qualidade do efluente (normas) de entrada que são estabelecidas pelo Departamento de Assuntos Hídricos". Além disso, afirmou que, depois de concluída a análise das suas amostras, estas são levadas para os laboratórios do Departamento, que também efectuam as suas próprias análises, para garantir a exatidão e a verificação dos resultados. Os resultados do Departamento estão representados numa linha com a designação DWA KNBF.

5.3.3.1 Análise das variáveis acima referidas

Com base no limite padrão de ingestão: O potencial de hidrogénio (pH) deve variar entre 5,5-9,5, sendo aceitável o efluente final que é 7,9 para a tabela 2, 7,0 para a tabela 3 e 6,9 para a tabela 4. Eddy, (2003) observa que o pH é adequado para a maioria dos organismos aquáticos, e diz ainda que o pH é utilizado para medir a acidez e a alcalinidade de uma amostra de água.

Os 117,2 da Condutividade Eléctrica (CE) na tabela 2, e os 185,6 da tabela 3, bem como os 178,1 da tabela 4, no efluente final significam basicamente que existe uma elevada concentração de sal, sendo mesmo superior ao limite padrão aceite de ingestão para CE que é <75.

No que diz respeito à carência de carbono e oxigénio (CQO), uma vez que a CQO do efluente final é muito superior ao limite normal de entrada no quadro 2, a ETAR não está em conformidade com o limite normal de entrada, mas nos quadros 3 e 4 houve uma melhoria no sentido de satisfazer as exigências ou limites do efluente final.

O valor de permanganato (PV) também não está em conformidade com a tabela 1, mas ocorreram mudanças drásticas, pois os valores nas tabelas 3 e 4 caíram abaixo do limite padrão de entrada nos efluentes finais.

Eddy, (2003) observou que os sólidos suspensos (SS) podem cobrir o rio e impedir a respiração da flora e fauna bentónicas e sufocar devido à indisponibilidade de oxigénio, também não estão em conformidade no quadro 2, no quadro 3 não há resultados devido a instrumentos defeituosos (*= Instrumento defeituoso) e no quadro 4 são 15, dos quais muito abaixo do limite padrão de ingestão e está em conformidade.

O azoto amoniacal (NH3-N) é de 39,2 o que é significativamente superior ao limite padrão de entrada na tabela 2 em 29,2, na tabela 3 é de 3,9 e na tabela 4 é de 4,8 as tabelas 3 e 4 indicam algumas melhorias em termos de manuseamento (NH3-N), e o Nitrato + Nitrito (NO3+NO2) é de 0,2 o que é muito abaixo do padrão na tabela 2, para a tabela 3 é de 0,8 enquanto na tabela 4 é de 1,5 a julgar pelo efluente final. Eddy (2003), salienta que os nitratos num rio normal variam entre 0,01 e três ppm. As concentrações de nitratos se excederem 0,10 miligramas por litro (o que acontece na tabela 4) indicam fontes antropogénicas de contaminação. A concentração de nitratos na água utilizada para fins domésticos não deve exceder seis miligramas por litro.

Do tanque de clarificação, a água segue para o tanque de cloro (Cl) antes de ser libertada para o rio Brak. Isto deve-se ao facto de a ETAR de Kwa-Nobuhle utilizar o processo de cloração, através do qual introduz cloro gasoso como fase final ou etapa de esterilização, desinfeção ou polimento do efluente antes de a água chegar ao rio Brak. Eddy (2003) também salienta que a água contaminada com cloretos é imprópria para consumo humano e pode ser mortal para a vegetação aquática e para a vida selvagem que depende desses ecossistemas. Afirma ainda que o intervalo normal para as águas de superfície dos rios é de 45 a 155 miligramas por litro, enquanto que o efluente final, tal como indicado na tabela 2, é 175, na tabela 3 é 396 e na tabela 4 é 401. Eddy

(2003) diz então que quando a concentração de cloro é tão elevada como 250 miligramas por litro, a água tem um sabor salgado. Por último (Eddy, 2003) diz que o limite para a água potável proposto pelo Departamento Nacional de Saúde e Desenvolvimento da População é de 255 miligramas por litro sem risco para a saúde humana.

6. 

7. 

Imagens 6 e 7: Água que sai do tanque de clarificação para o tanque de medição de cloro

Fonte: Trabalho de campo, 2015

Imagem 8: Mostra o tanque onde ocorre o processo de Cloração antes da água se juntar ao rio próximo (Rio Brak)

Fonte: Trabalho de campo, 2015

Imagem 9: Mostra o rio Brak no sul da ETAR de Kwa-Nobuhle, um rio ao qual a água da ETAR se junta após o processo de cloração.

Fonte: Gibb Engineering and Science, 2012

A tabela 2 de fosfatos (PO4) revela que o efluente final tem um valor de 1,7, enquanto a tabela 3 tem um valor de 1,4, sendo estes dois valores superiores aos requisitos padrão de conformidade e, por último, a tabela 4 tem um valor de 0,7, o que está em conformidade com o limite padrão de entrada que é de 1 mg/l. Mais uma vez, Eddy (2003) afirma que o fósforo se apresenta sob a forma de fosfato (PO4) na água e que os efluentes de esgotos são uma das principais fontes de contaminação dos rios por fosfato. Por último, afirma que a concentração de fosfatos que a água pode conter sem ficar poluída varia, mas não deve ser excedida:

- 0,05 miligramas por litro nos cursos de água que drenam para os lagos
- 0,025 miligramas por litro nos lagos
- 0,023 miligramas por litro nos cursos de água que não desaguam em lagos

Dos quais os resultados analíticos das amostras de PO4 de todas as mesas são superiores. Também os resultados disponíveis para a amostra recolhida em 14-07-2015 para Upstream, Downstream e St Albance excedem qualquer uma das concentrações de fosfatos que a água pode conter sem ficar poluída.

Tabela 5: Resultados DWA: amostras de efluentes de esgotos (E. coli por 100ml) 23-03-15

Fonte: Obras de recuperação de água de Kwa-Nobuhle, 2015

INFRASTRUCTURE AND ENGINEERING
SCIENTIFIC SERVICES DIVISION

DWA RESULTS: SEWAGE EFFLUENT SAMPLES

Date of report: 23-Mar-15

Date received	Sample description	Total	E. coli per 100ml
20-03-2015	Despatch Final		40
	Kelvin Jones Filter Final		<10
	Kelvin Jones Contact Final1		>20 000
	Kwanobuhle Final 1		>20 000
	Rocklands Final		4 900
	Kelvin Jones Old plant Final		No Sample

Asst. Director:Scientific Services

Distribution:
A. Mancotywa, Asst. Director: Wastewater Treament

A Tabela 5 mostra as amostras testadas para *E. coli* por 100 ml, das quais são superiores a (>) 20 000. Esta quantidade de *E. col* na água tem um efeito prejudicial para a saúde das pessoas se estas entrarem em contacto com esta água. *A E. coli* é um indicador mais preciso de contaminação fecal, pelo que é testada pelo referido controlador de processo.

5.3.3.2 Implicações da análise das variáveis acima

Com base na análise com (Dr. Tseki do departamento de Química, Universidade Walter Sisulu, 2015) concluímos que a "ETAR de Kwa-Nobuhle é evidente que não é totalmente eficaz, quatro (4) análises independentes que são revistas confirmam que a ETAR tem um desempenho fraco em termos de melhoria da qualidade do esgoto ou efluente e luta para estar em conformidade com os limites padrão de ingestão que tem um impacto sobre o meio ambiente, bem como a saúde dos seres humanos ", portanto, há cerca de 66.67% das pessoas (referente à placa 9) que fizeram queixas sobre a ETAR. Eddy (2003) afirma que a qualidade do efluente deve estar sempre em conformidade com os limites especificados e, desde 2000, foram incluídas novas condições em várias licenças emitidas, especificando que, se a qualidade da massa de água recetora for considerada inaceitável em resultado da descarga do efluente, mesmo que o efluente cumpra as condições de qualidade específicas, o titular da licença deve implementar imediatamente medidas para melhorar a qualidade da descarga.

Basicamente, as plantas não respiram amoníaco, pois é tóxico tanto para as plantas como para os peixes. Os sais de amoníaco promovem o crescimento de espécies vegetais, bem como de algas, e é provável que sufoquem as espécies aquáticas (Dr. Tseki, Departamento de Química, Universidade Walter Sisulu, 2015).

5.3.3.3 Desafios enfrentados pela ETAR de Kwa-Nobuhle para garantir o cumprimento

Como afirmado por Strydom, (2004) a expansão das cidades coloca pressão sobre os sistemas de água e resíduos, que não conseguem lidar com a demanda, o caso é parcialmente o mesmo para esta ETAR como (Mapa 7) representa a situação em Kwa-Nobuhle ano 2004, as áreas em azul são basicamente áreas recentemente desenvolvidas principalmente nas partes externas da comunidade. E Gibb engineering and science (2012) afirmou que o caudal atual da ETAR de Kwa-Nobuhle já excede a capacidade geral da ETAR, o controlador do processo, segundo ele, diz que, devido à expansão gradual da cidade, há demasiada carga, de tal forma que sobrecarrega a capacidade do sistema para funcionar eficazmente, pelo que há um bloqueio no processo de triagem (imagem 2) da estação, o que resulta no desvio dos resíduos sólidos, a eficiência da estação depende da carga inicial.

Numa entrevista, explicou ainda que, devido ao mau funcionamento da maquinaria, por exemplo, dos arejadores do tanque de arejamento 2 (imagem 3), tiveram de desviar essas águas residuais para o tanque de arejamento 1 (imagem 6), duplicando a sua capacidade de transporte, sendo que o tanque de arejamento 1 está a ter alguns problemas. Devido ao não funcionamento do tanque de arejamento 2, não existem resultados analíticos de amostras aí recolhidas. Referiu ainda que, para além do vandalismo da propriedade, "a falta de fornecimento de eletricidade, devido ao facto de as pessoas terem retirado os cabos" é um dos factores que contribuem para atrasar a manutenção adequada da ETAR de Kwa-Nobuhle, uma vez que a eletricidade é necessária para acionar os arejadores.

5.3.3.4 O que está a ser feito para garantir a conformidade da ETAR de Kwa-Nobuhle?

De acordo com o controlador de processo e os funcionários entrevistados, dentro da fábrica, eles afirmam que atualmente a fábrica está a passar por um processo de remodelação da infraestrutura (imagem 10 e 11), de modo a que a qualidade do efluente seja ajustada para cumprir o limite padrão ou qualidade, bem como para reduzir o cheiro que a comunidade se queixa constantemente e isto seria ao mesmo tempo uma boa prática ambiental, uma vez que atualmente o ambiente é afetado. Além disso, durante as obras de remodelação ou manutenção e as falhas de energia, registam-se desvios de águas residuais.

10.

11. 

Imagens 10 e 11: Mostra funcionários da ETAR de Kwa-Nobuhle a efetuar trabalhos de remodelação num dos tanques de arejamento.

Fonte: Trabalho de campo, 2015

Ainda de acordo com o controlador do processo, outras medidas que são tomadas é que "desviamos agora ou contornamos para a estação de tratamento de águas residuais Kelvin Jones até resolver o problema", mais uma vez ele diz que a estação precisa de ser ampliada para construir e acomodar mais tanques de efluentes, uma vez que os actuais tanques de efluentes têm 600m^2 de volume, o que precisa de ser feito devido aos volumes crescentes de resíduos recebidos.

CAPÍTULO 6

CONCLUSÃO E RECOMENDAÇÕES

6.1 Conclusão

A expansão das cidades é inevitável, devido à população em constante crescimento (ver quadro 1), ao desenvolvimento e aos serviços que são implementados para satisfazer as necessidades e exigências humanas, o que exerce pressão sobre os sistemas de esgotos e de água e sobre as condutas de efluentes. A ETAR de Kwa-Nobuhle existe há muito tempo, há cerca de cinco décadas, e é responsável pelo tratamento das águas residuais domésticas, ou melhor, urbanas - este tipo de águas residuais é definido por (Mara, 2003) como as águas residuais que foram utilizadas por uma comunidade e que contêm todos os materiais adicionados à água durante a sua utilização, sendo basicamente compostas por resíduos do corpo humano (fezes e urina), juntamente com a água utilizada para a descarga das sanitas, e o chorume (que é a água residual resultante da lavagem pessoal, da lavandaria, da preparação de alimentos e da limpeza dos utensílios de cozinha).

Uma vez que Kwa-Nobuhle está em expansão, as habitações do PDR e outras infra-estruturas são construídas com esgotos, sistemas de água e condutas de efluentes ligados aos principais sistemas existentes, surgem problemas ambientais e sociais porque "especificamente" as condutas de efluentes conduzem diretamente à ETAR de Kwa-Nobuhle, o que é evidente através de uma citação direta de um documento intitulado "Avaliação do impacto ambiental da expansão da estação de tratamento de águas residuais de Kwa-Nobuhle", documento esse que foi preparado e produzido pela GIBB engineering and science (2012), onde se afirma que "como o caudal atual da ETAR de Kwa-Nobuhle já excede a capacidade geral da ETAR, é fundamental que o projeto de modernização seja iniciado imediatamente". É necessário modernizar a ETAR, uma vez que tal melhorará a qualidade dos efluentes que são libertados para o rio Brak e assegurará a conformidade permanente com a legislação . Quatro análises independentes dos "RESULTADOS ANALÍTICOS DAS AMOSTRAS TOMADAS" foram revistas e confirmaram que a ETAR tem um desempenho fraco em termos de melhoria da qualidade dos esgotos ou dos efluentes e que se esforça por cumprir a legislação, o que tem um impacto no ambiente e na saúde dos seres humanos", razão pela qual cerca de 66,67% das pessoas (ver quadro 9: 39) apresentaram queixas sobre a ETAR.

O controlador do processo salientou que os grandes volumes de resíduos recebidos pela ETAR sobrecarregam o sistema, levando ao seu mau funcionamento, bem como a falta de fornecimento de eletricidade, devido ao facto de as pessoas retirarem os cabos, e ainda o envelhecimento das infra-estruturas, por exemplo, os arejadores, são alguns dos factores que afectam a funcionalidade da ETAR, levando à existência de efluentes inadequadamente tratados.

6.2 Recomendações

- O município local deve educar a comunidade local sobre a conservação da água e o uso eficiente da água para minimizar a produção de águas residuais ou esgotos.
- Além disso, é necessário melhorar os sistemas de condutas para eliminar rupturas e fugas nos tubos que transportam as águas residuais.
- É necessária uma resposta rápida à modernização e renovação da ETAR de Kwa-Nobuhle para melhorar a qualidade dos efluentes e a gestão da estação de tratamento.
- Também devem existir processos alternativos de tratamento adequados, que ajudem a minimizar os riscos para a saúde pública e para o ambiente

se a ETAR estiver a sofrer uma sobrecarga ou uma falha do sistema (mau funcionamento).

- Integrar as populações locais, proporcionando-lhes empregos como, por exemplo, segurança para guardar e proteger as infra-estruturas da estação de tratamento contra roubos e vandalismo.
- A expansão da ETAR de Kwa-Nobuhle e a construção de novos tanques são necessárias para aumentar a capacidade de carga da ETAR de Kwa-Nobuhle.
- A melhoria das normas de cumprimento da legislação aplicável é fundamental para a segurança do ambiente natural e da saúde pública.
- A integração dos princípios ambientais (Lei de Gestão Ambiental Nacional de 1998 (Lei 107 de 1998), vulgarmente conhecida como "NEMA", secção 2).

- Também para o ambiente afetado, a reabilitação deve ser a prioridade número um.
- Deveria também haver fontes alternativas de eletricidade, como geradores, para evitar faltas de eletricidade ou cortes de carga, uma vez que a eletricidade é necessária para fazer funcionar os motores dos arejadores.

Referência

ACAPS, 2012. Técnicas de Investigação Qualitativa e Quantitativa para a Avaliação das Necessidades em Ciências Humanas. An Introduction brief.

Advanced BioTech California USA a nível mundial, sem data. Recolha e tratamento de águas residuais; Visalia, Califórnia, EUA, mail@adbio.com

Notícias da imprensa verde em África, 2014. O transbordo de esgotos para o rio Umhlanga está a ser monitorizado de perto

Akpor, O. B. e Muchie, M. 2011. Environment and Public health implications of wastewater quality, Universidade de Tecnologia de Tshwane, 159 Skinner Street Pretória 0001, África do Sul, Instituto de Investigação Económica sobre Inovação

Anago, I. T; 2002. Avaliação do Impacto Ambiental como Ferramenta para o Desenvolvimento Sustentável: The Nigerian Experience; FIG XXII International Congress, Washington D. C. USA

Autores: Nikiema J, Figoli A, Weissenbarcher N, Langergraber G, Marrot B, Moulin P, (2012); Wastewater treatment practices in Africa- Experiences from seven countries; Este documento apresenta as estações de tratamento existentes em África, discute os tipos de processos aplicados, o desempenho de tratamento exigido por país e os principais desafios que dificultam o seu desempenho, bem como a reutilização das águas residuais tratadas; WATER BIOTECH; EU7th Framework Programme.

Baloyi, O., Masinga, K., Nevuvha, M., Dana, A., 2011. Lei dos Resíduos facilitada: Um guia de fácil utilização para a Lei Nacional de Gestão Ambiental de Resíduos, 2008 (Lei n.º 59 de 2008), emitida pelo Departamento de Assuntos Ambientais

Bartone, C. R., 1995. Capítulo 7- Financing wastewater management (Water Pollution Control- Aguide to the Use of water Quality Management Principles); Publicado em nome do Programa das Nações Unidas para o Ambiente, do Water supply & sanitation collaborative council e da Organização Mundial de Saúde por E.&F. Spon © 1997 OMS/UNEP

Bere, T., 2007. A avaliação da carga e retenção de nutrientes no segmento superior do rio Chinyika, Harare: Implicações para o controlo da eutrofização. Water SA, Volume 33 (2) 2007-279

Botkin D. B., Keller E. A., 2011. Environmental Science Earth as a Living planet; 8th Edition; John Wiley & Sons, INC, Estados Unidos da América

Burian S. J., Nix S. J., Pitt R. E. e Durrans S. R., 2000. Urban Wastewater Management in the United State: Past, Present, and Future; Journal of Urban Technology /volume 7. 33-62

Clough, P & Nutbrown, 2002. A student's guide to methodology, (2nd edition), Sage Publications Ltd, 1 Oliver's Yard 55 City Road London EC1Y 1SP

Corcoran E. C., Nellemann E. B., Bos R., Osborn D., Sawelli H (eds), 2010; SICK WATER? O papel central da gestão de águas residuais no desenvolvimento sustentável. Uma Avaliação de Resposta Rápida; Programa das Nações Unidas para o Ambiente, UNHABITAT, GRID- A rendal.www.grida.no

Creswell, J. W., Plano Clark V. L., 2007. Conceber e Conduzir Métodos Mistos Research; Sage Publications, Inc, 2455 Teller Road, Thousand Oaks, Califonia 91320.

Curtis K. R., sem data. Conducting Market Research Using Primary Data, Professor Assistente e especialista em Extensão do Estado, Departamento de Economia da Investigação, Universidade do Nevada, Reno

Denscombe M., 2003. The good Research Guide for small-scale social research projects (segunda edição), Open Univerity Press, McGraw-Hill Education, McGraw-Hill House, Shoppenhangers Road Maidenhead Berkshire, England SL6 2QC

Departamento de Assuntos Ambientais, 2014. Diretrizes nacionais para a descarga de efluentes de fontes terrestres no ambiente costeiro; Pretória: Departamento de Assuntos Ambientais© 2014. Todos os direitos reservados

Department of Water Affairs and Forestry, 1993: South African Water Quality

Guidelines Series, vol. 1-6. Pretória: Departamento de Recursos Hídricos e Florestas

Doorn, M. R. J, Tomprayoon. S, Vieira, S. M. M, Irving, W, Palmer. C, Pipatti. R e Wang, C (2006), Wastewater Treatment and discharge, IPCC Guidelines for National Greenhouse Gas Inventories.

Eddy, L. J., 2003. Sewage Wastewater Management in South Africa, Joanesburgo, Rand Afrikaans Universit.

Ellis, E., 2015. PE enfrenta um desastre ecológico maciço (crescente protesto contra os riscos para a saúde causados por derramamentos de esgoto bruto no rio Swartkops); Artigo no Herald News Paper, 26 de janeiro de 2015

Emanuel, E., 2010, International Best Practices (International Overview of Best Practices in Wastewater Management CEP Technical Report 65)

Environmental Solutions LTD, dezembro, 2004, Avaliação do impacto ambiental [Estação de tratamento de águas residuais de Soapberry, S.T. Catherine, Jamaica]; sistemas de construção Ashtrom, Central village St Catherine, Jamaica

Prémio Capital Verde Europeia Nantee, (2012 2013); Tratamento de águas residuais Capítulo 10

Gibb Engineering & Science, 2012. Expansão das Obras de Tratamento de Águas Residuais de Kwanobuhle Avaliação do Impacto Ambiental Número de Referência: 12/9/11/L1081/1, PROJECTO DE RELATÓRIO DE ESCOPO, Município da Baía de Nelson Mandela

Relatório Gota Verde, 2009. Versão 1 Desempenho da Gestão da Qualidade das Águas Residuais da África do Sul, Departamento de Assuntos Hídricos, República da África do Sul

Lei das zonas de grupo (Lei n.º 41 de 1950)

Hancock B., Windridge K., e Ockleford E. (2007); An introduction to Qualitative Investigação. O NIHR RDS EM/YH

Higginbotham, T., sem data, Environmental Impacts of wastewater Disposal in Florida (Impactos ambientais da eliminação de águas residuais na Florida)

Keys, Condado de Monroe, Ciência do Solo e da Água da Universidade da Florida

HsTerblanche. M., 2013. Avaliação de Impacto Socioeconómico (Proposta Jachtvlakte Precinct) Plano de Assentamento Humano Sustentável, Município de Nelson Mandela Bay , Província do Cabo Oriental; P.O Box 26275, Monument Park 0105

Hussain I, Raschid L, Hanjra M. A, Marikar F e van der Hoek W., 2005. Wastewater Use in Agriculture: Review of Impacts and Methodological Issues in Valuing Impacts (Revisão dos Impactos e Questões Metodológicas na Avaliação dos Impactos)

Igbinosa. E. O & Okoh. A. I., 2009. Impacto da descarga de efluentes de águas residuais nas qualidades físico-químicas de uma bacia hidrográfica recetora numa comunidade rural típica. Jornal Internacional de Ciência e Tecnologia Ambiental. Volume 6 (2) 2009175

James, G. V. 1971: Water treatment. Edimburgo: Technical Press.

Jining. C., 2003. Domestic Pollution (Point sources of pollution: Local effects and It's control) - vol 1; Department of Environmental Science and Engineering, Tsinghua University, Beijing, China

Joel, T. A. (1984); "Water and Wastes: A retrospective Assessment of Wastewater Technology in the United States, 1800-1932"; Technology and Culture volume 25, No.2. 226-263

Kiran D. Landwani, Krishna D. Landwani, Vivek S. Manik, D.S Ramteke (2012), Impact of domestic wastewater irrigation on soil properties and crop yield; International Journal of Scientific and Research Publications, volume 2; Issue 10.

Kotze C, (2012); Lack of capacity leads to wastewater treatment plants upgrades; www.engineringnews.co.za

Kritzinger N (2011); E Cape sewage health risk; Health 24

Lubke, R. A. & De Moor, I. J. (1998), Field Guide to the Eastern & Southern Cape coasts, University of Cape Town Press. Pp10-26

Mahabeer R, (2014); Exigir o fim da poluição no rio Isipingo, KZN, África do

Sul e exortar o município local; objetivo: Departamento de Assuntos Ambientais - África do Sul

Malik O, Yale F&ES[1] 13 (2014); Para onde vão as águas residuais? Como melhores dados podem tornar-nos mais resilientes; Este post foi originalmente da Union of Concerned Scientist

Malik O. A, Hsu A, Johnson L. A, Alex de Sherbinin (2015); Um indicador global do tratamento de águas residuais para informar os Objectivos de Desenvolvimento Sustentável (ODS); www.sciencedirect.com

Mara, D. 2003; Domestic wastewater treatment in developing countries; 1st Edition; publicado pela Earthscan no Reino Unido e nos EUA em 2004

Mateo-Sagasta, J; Raschid-Sally, L e Thebo, A. 2015; Global Wastewater and Sludge Production, Treatment and Use, http://www.springer.com

Mclear, L. G. A., 2001, The hydrology of the Uitenhage Artesian Basin with reference to the Table Mountain Group Aquifer. Água S.A 27 (4): 499-505

Mema, V., sem data, Impacts of poorly maintained wastewater and sewage treatment plants: Lessons from South Africa; Built Environment Council for Scientific and Industrial Research (CSIR), Pretória, África do Sul

Morrison . G, Fatoki. O. S e Ekberg. A., 2001, Assessment of the impact of point source pollution from Keiskammahoek Sewage Treatment plant on the Keiskamma River-pH, electric conductivity, oxygen-demanding substances (COD) and nutrients, Water S.A, 27: 475-480

Mucina, L e Rutherford, M. C (eds.) (2006), The vegetation of South Africa, Lesotho and Swaziland, Strelitizia 19, Instituto Nacional de Biodiversidade da África do Sul, Pretória, África do Sul. (808 pp com cd GIS-database)

Murtaza G[1] e Zia M. H[2], sem data; Produção, tratamento e utilização de águas residuais no Paquistão; [1]Instituto de Ciências do Solo e do Ambiente, Universidade de Agricultura, Faisalabad-38040, Paquistão. [2]Research & Development Coordinator, Fauji Fertilizer company Limited, Head Office, 156-The Mall, Rawalpindi Cantt, Pakistan.

Naidoo. S e Olaniran, A. O., 2013, Efluente de águas residuais tratadas como fonte de poluição microbiana de recursos hídricos de superfície, Jornal Internacional de Pesquisa Ambiental e Saúde Pública, ISSN 1660-

4601www.mdpi.com/journal /ijerph

Município de Nelson Mandela Bay (2012-2013), Projeto de relatório anual de 2012/13

Município de Nelson Mandela Bay (2014); Projeto de Plano de Desenvolvimento Integrado (PDI) 2011-2016, 13.ª edição (exercício financeiro de 2014/15)

Powell E. T & Steele S., (sem data); Recolha de dados de avaliação: Observação direta;

Universidade de Wisconsin-Extensão

Rana, SVS. 2006; Environmental Pollution Health and Toxicology; Narosa Publishing House; New Delhi Chennai Mumbai Kolkata

Smith, E. 2008; Environmental Science A study of Interrelationships; 11th Edition; McGraw-Hill; New York

África do Sul (República), 2009, Lei Nacional de Gestão Ambiental: Lei dos Resíduos, 2008 (Proclamação n.º 32000). Diário do Governo 278: março de 2009 (Documento de regulamentação n.º 278)

África do Sul (República), 1998, Lei Nacional da Água, 1998 (Promulgada n.º 19182). Diário do Governo 278: agosto de 1998 (Documento de regulamentação nº 1091)

Estatísticas da África do Sul (web)/adrianfrith.com

Steinbeck. S. J, P G (Ret) (2005); An Abridged History of Onsite Wastewater Early years to Present; Paper Revised by Grimes. B. H, PhD e Deal. N, MS, REHS, Onsite water Protection Branch, Environmental Health Section Division of Public Health, Department of Health and Human Services.

Tarr J. A, (1984); Water and wastes: A retrospective Assessment of wastewater Technology in the United States, 1800-1932, Technology and Culture volume 25, No,2. 226-263

Centro de Assistência à Conformidade Tribal (TCAC), (2008); Gestão de águas residuais; http://www.epa.gov/tribalcompliance/wwater/wwwastedrill.html

U. Departamento de Saúde, Educação e Bem-Estar dos EUA

Uddi (Uitenhage Despatch Development Initiative) (2004), Uitenhage Logistics and Light Assembly park Environmental Scoping, SRK Consulting 125 villiers Road Walmer Port Elizabeth 6070 África do Sul

Van der Rheede C. O CEO da AHi (2015); Os municípios da África do Sul estão a descarregar esgotos em bruto nos nossos sistemas fluviais e zonas húmidas; Health 24

Veolia Water Technologies (2014); Tratamento de águas municipais; www.veoliawatertechnologies.com

Von Sperling M & Augusto de Lemos Chermicharo C; A comparison between Wastewater Treatment Processes in terms of Compliance with Effluent Quality Standards; XXVII Congresso Interamericano de Engehharia Sanitaria e Ambiental

WaterCare limited; A história do tratamento de águas residuais em Auckland; www.watercare.co.za

William (Niancen) Miao, Yale F& ES'14 (16 de abril de 2014), What's behind the numbers in china's wastewater Treatment Plan, Universidade de Yale, Estados Unidos da América

Wink. R, Behrendt. H e Salomons. W (1999), Development of the Heavy Metals Pollution Trends in several European river. Análise de fontes pontuais e difusas, Water.
Ciência e Tecnologia, Vol 39, No 12 pp

Glossário de termos e conceitos

A) **Aeróbio:** Um processo que requer oxigénio dissolvido para funcionar corretamente. Os microrganismos necessitam de oxigénio para "comer" os alimentos de forma adequada.

B) **Anaeróbio:** Um processo que pode funcionar ou necessita de funcionar sem a presença de oxigénio. Um bom exemplo é um digestor anaeróbio utilizado para o tratamento de sólidos.

C) **Teste da carência bioquímica de oxigénio** (CBO5): Um teste que mede as substâncias que consomem oxigénio ou a força orgânica de uma amostra de águas residuais. Fornece informações sobre a carga orgânica ou a quantidade de "alimento" que existe para os organismos. A carga pode ser tanto para uma unidade de tratamento como para uma massa de água recetora.

D) **Clarificador ou tanque de decantação:** Tanques concebidos para a separação física dos sólidos flutuantes e dos sólidos sedimentáveis das águas residuais. Estes dois termos são amplamente utilizados indistintamente.

E) **"Contaminado"** a presença no interior ou no subsolo de qualquer terreno, local, edifício ou estrutura de uma substância ou microrganismo acima da concentração normalmente presente no interior ou no subsolo desse terreno, substâncias essas que, direta ou indiretamente, afectam ou podem afetar negativamente a qualidade do solo ou do ambiente.

F) **Desinfeção:** Matar os organismos causadores de doenças, o que difere da esterilização, que mata todos os organismos.

Teste de oxigénio dissolvido (DO): Um teste normalmente realizado por um medidor eletrónico que mede a quantidade de oxigénio dissolvido numa amostra de água. A amostra pode ser de águas naturais ou de uma parte do processo de tratamento de esgotos. É importante porque muitos dos processos de tratamento requerem oxigénio (aeróbio) para funcionarem corretamente. Demasiado oxigénio pode significar o desperdício de dinheiro através do consumo excessivo de energia para fornecer o oxigénio, que é relativamente insolúvel na água. É importante em águas naturais porque os peixes e outros seres aquáticos desejáveis são tão dependentes do oxigénio como as pessoas.

G) **"Resíduos domésticos"**: resíduos, com exceção dos resíduos perigosos, provenientes de instalações utilizadas total ou principalmente para fins residenciais, educativos, de cuidados de saúde, desportivos ou recreativos.

H) **"Ecossistema"** Sistema ecológico formado pela interação de organismos que actuam em conjunto e o seu ambiente (uma comunidade de organismos interdependentes juntamente com o ambiente que habitam e com o qual interagem).

I) **Efluente:** Águas residuais ou outros líquidos, parcial ou totalmente tratados, que fluem de um reservatório, bacia, processo de tratamento ou estação de tratamento.

J) **"Ambiente"** As condições físicas, químicas, bióticas e culturais, bem como as suas ramificações, constituem coletivamente o "ambiente"

K) **"Resíduos perigosos"** Quaisquer resíduos potencialmente perigosos para a saúde ambiental devido à sua reatividade química, inflamabilidade, explosividade, etc.

L) **Influente:** Águas residuais ou outros líquidos que fluem para um reservatório, bacia ou estação de tratamento.

M) **Lagoas (lagoas de oxidação ou lagoas de estabilização):** um método de tratamento de águas residuais que utiliza lagoas para tratar as águas residuais. As algas crescem dentro das lagoas e utilizam a luz solar para produzir oxigénio, que por sua vez é utilizado pelos microrganismos na lagoa para decompor a matéria orgânica das águas residuais. Os sólidos das águas residuais depositam-se na lagoa, resultando num efluente que é relativamente bem tratado, embora contenha algas.

N) **Municipal:** de ou relativo a um município (cidade, vila, etc.). As águas residuais municipais são essencialmente águas residuais domésticas.

O) **Partes por milhão (ppm) ou miligramas por litro (mg/L):** Uma medida da quantidade de uma substância contida na água. Estes termos referem-se aos resultados de análises como TSS, CBO5 ou DO. Estes termos são utilizados indistintamente e significam exatamente a mesma coisa.

P) **Tratamento primário:** a primeira fase do tratamento de águas residuais que remove apenas os sólidos sedimentáveis ou flutuantes; geralmente remove 40% dos sólidos em suspensão e 30-40% da CBO nas águas residuais.

Q) **"Esgotos"** O conteúdo dos esgotos que transportam os resíduos de água de uma comunidade

R) **"Esgotos"** são tubagens, bombas ou qualquer outra infraestrutura destinada a transportar as águas residuais desde o seu ponto de criação até um ponto onde são tratadas e eliminadas.

S) **Saneamento:** Águas residuais resultantes da lavagem de pessoas, da lavagem de roupa, da preparação de alimentos e da limpeza de utensílios de cozinha.

T) **Sólidos Suspensos Totais (SST):** Partículas que estão suspensas na água (não dissolvidas) Este teste mede, em peso, a quantidade de material particulado contido nas amostras de água, filtrando a amostra através de um filtro especial.

U) **"Tratamento"**: qualquer método, técnica ou processo concebido para alterar o carácter ou a composição física, biológica ou química de um resíduo, ou para remover, separar, concentrar ou recuperar um componente perigoso ou tóxico de um resíduo, ou para destruir ou reduzir a toxicidade do resíduo, a fim de minimizar o impacto dos resíduos no ambiente.

V) **O termo "resíduo"** inclui qualquer substância, seja ela sólida, líquida ou gasosa, que seja

(i) Descarregadas, emitidas ou depositadas no ambiente num volume, numa circunscrição ou numa forma tais que provoquem uma alteração do ambiente,

(ii) Uma substância excedente ou que é descartada, rejeitada, indesejada ou abandonada,

(iii) Reutilizada, reciclada, reprocessada, recuperada ou purificada por uma operação separada da que produziu a substância ou que pode ser ou se destina a ser reutilizada, reciclada, reprocessada, recuperada ou purificada, ou

(iv) Identificados como resíduos por regulamento específico.

W)**"Doenças transmitidas pela água"** Doenças como a cólera, a febre tifoide, a disenteria, a gastroenterite e a hepatite, que são normalmente transmitidas através de fontes de água contaminadas.

Apêndice A

Questionários de investigação dirigidos aos membros do pessoal da estação de tratamento de águas residuais de Kwa-Nobuhle

Tópico de investigação: Avaliação da capacidade da estação de tratamento de águas residuais de Kwa-Nobuhle para servir o município de desenvolvimento de Kwa-Nobuhle, Cabo Oriental, África do Sul. Por Ludumo Mayekiso

NB: as informações completas fornecidas pelo inquirido destinam-se apenas a esta investigação académica e não serão disponibilizadas a qualquer organização, sindicato ou instituição que não seja a universidade que financia esta investigação. É garantido o anonimato total.

(assinalar com um X quando aplicável)

Secção A: Dados demográficos

1. Sexo do inquirido

Male	
Female	

2. Idade do inquirido

15-25yrs		25-35yrs		35-45yrs	45-55yrs		55-65yrs		65yrs & above	

3. Estado civil do inquirido

Single	Married	Separated	Divorced	Widowed

4. Nível de escolaridade do inquirido

No formal education	ABET	Primary School	High School	Undergraduate	Postgraduate

5. Ocupação

Unemployed	Self employed	Casual worker	Permanently employed	Scholar

<u>Secção B: Conhecimento/entendimento da comunidade sobre as águas residuais</u>

1. Há quanto tempo é membro desta comunidade?

2. Com base nos teus conhecimentos, que idade achas que tem a estação de tratamento de águas residuais de Kwa-Nobuhle?

3. Compreendes o significado de águas residuais?

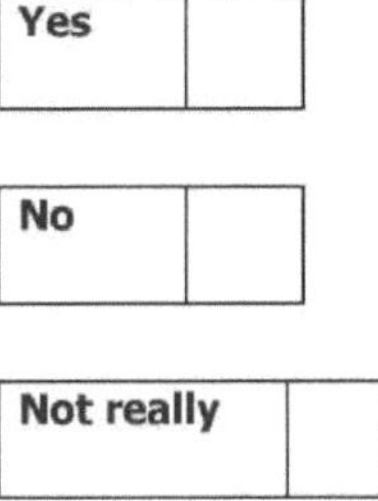

Yes	

No	

Not really	

Em caso afirmativo ou negativo, pode explicar em seguida, no seu próprio entender, o que são águas residuais?

4. Que resíduos ou contaminantes costuma deitar fora como águas residuais nas suas actividades diárias, através das sanitas, dos lavatórios, etc.?
5. Uma vez que está situado mais perto da estação de tratamento de águas residuais de Kwa-Nobuhle, há alguma queixa que já tenha relatado ou actividades que o desagradem, realizadas ou a ocorrer na estação de tratamento? (em caso de resposta afirmativa, descreva a queixa ou atividade que o desagrada)

Yes	

No	

6. Existem campanhas de sensibilização realizadas pelo município na sua comunidade para aumentar a consciencialização sobre o uso eficiente da água, a minimização das águas residuais e os impactos das águas residuais?

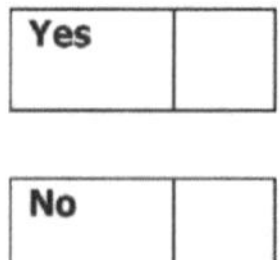

Em caso negativo, pode indicar a(s) razão(ões)?

Obrigado pela vossa participação

O seu contributo é muito valorizado e apreciado

Apêndice B

Questionários de investigação dirigidos aos membros do pessoal da estação de tratamento de águas residuais de Kwa-Nobuhle

Tópico de investigação: Avaliação da capacidade da estação de tratamento de águas residuais de Kwa-Nobuhle para servir o município de desenvolvimento de Kwa-Nobuhle, Cabo Oriental, África do Sul. Por Ludumo Mayekiso

NB: as informações completas fornecidas pelo inquirido destinam-se apenas a esta investigação académica e não serão disponibilizadas a qualquer organização, sindicato ou instituição que não seja a universidade que financia esta investigação. É garantido o anonimato total.

(Assinalar com um X quando aplicável)

Secção A: Dados demográficos

6. **Sexo do inquirido**

Male	
Female	

7. **Idade do inquirido**

15-25yrs		25-35yrs		35-45yrs	45-55yrs		55-65yrs		65yrs & above	

8. **Nível de escolaridade do inquirido**

No formal education	
ABET	
Primary school	
High School	
Undergraduate	
Post graduate	

Secção B: Conhecimento/compreensão das águas residuais

1. Na qualidade de funcionário da ETAR de Kwa-Nobuhle, queira explicar brevemente quais são as suas funções na ETAR.

2. Com a ajuda de um **X**, indique abaixo que tipo de águas residuais é que a estação de tratamento de águas residuais de Kwa-Nobuhle recebe e trata diariamente?

Municipal wastewater (domestic wastewater)	

OU

Industrial wastewater	

3. No teu entender, podes explicar sucintamente o que são águas residuais e que processos de tratamento ocorrem na ETAR de Kwa-Nobuhle?

4. Considera que a comunidade envolvente tem um conhecimento claro e

compreende o que são as águas residuais?

Yes	

No	

5. Se a resposta à pergunta 4 foi negativa, o que pode ser feito para que a comunidade envolvente compreenda melhor o que são as águas residuais, de modo a garantir que o que é deitado fora como águas residuais não afecta os processos de tratamento na ETAR?

Secção C: Volumes de efluentes e capacidade de carga da ETAR de Kwa-Nobuhle

1. Quais são os volumes, em mg/l, de águas residuais que a estação foi projectada para receber e tratar diariamente?

2. Na sua experiência na ETAR de Kwa-Nobuhle, observa ou observou alguma alteração ou variação em termos de volume de águas residuais recebidas pela estação de tratamento? Em caso afirmativo, descreva abaixo o que sugere que poderia estar na origem das alterações do volume de águas residuais.

3. O que acontece ao MLSS (Mixed Liquor Suspended Solids) quando um dos tanques de arejamento não está a funcionar?

4. Com base nas suas experiências anteriores na estação, em que estação(ões) ou alturas do ano é que a ETAR de Kwa-Nobuhle recebe grandes quantidades de águas residuais?

E houve casos de transbordos ou derrames de efluentes no local em resultado de transbordos?

Yes	

No	

Em caso de resposta afirmativa à pergunta anterior, explicar em seguida qual foi a causa do transbordo do efluente e como foi corrigida a situação.

5. A julgar pelas suas próprias observações na estação de tratamento de águas residuais e na comunidade circundante em crescimento, a estação de tratamento de águas residuais de Kwa-Nobuhle tem capacidade para servir o município em desenvolvimento de Kwa-Nobuhle?

Yes	

No	

E como pensa que será a situação nos próximos 10 anos, à medida que o desenvolvimento e o crescimento populacional neste município aumentam (ou aumentam rapidamente)?

Secção D: Manutenção da ETAR de Kwa-Nobuhle

1. Que medidas são tomadas quando um dos tanques de arejamento da ETAR não está a funcionar?

2. Se o vandalismo de bens é um fator importante que impede a manutenção adequada da infraestrutura da ETAR de Kwa-Nobuhle, quais são os outros factores de impedimento que pode identificar ou observar?

3. É necessário desenvolver ou melhorar alguma infraestrutura na instalação para garantir um tratamento ou gestão suficientes das águas residuais?

Yes	

No	

Not sure	

4. Em caso de resposta afirmativa ou incerta à pergunta 7, quem são as pessoas relevantes a contactar para a criação ou melhoria de infra-estruturas na estação de tratamento?

5. Qual é o papel do Departamento dos Recursos Hídricos e do município local na estação de tratamento de águas residuais?

Secção E: Conformidade com as variáveis aplicáveis no limite normalizado de ingestão

1. A ETAR de Kwa-Nobuhle está a cumprir integralmente as normas estabelecidas pela DWA?

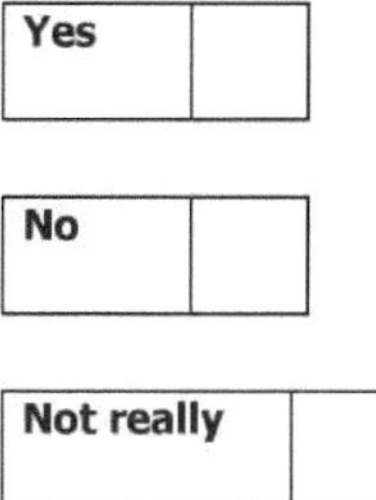

2. Se a resposta à pergunta 1 foi negativa ou não exacta, quais são os desafios que a fábrica enfrenta para garantir a conformidade?

3. Quais são os potenciais impactos socio-ambientais da inexistência ou do mau funcionamento da estação de tratamento de águas residuais que poderão ocorrer na zona?

4. Na sua experiência na ETAR houve alguma queixa ou insatisfação de qualquer tipo por parte da comunidade envolvente?

Yes	

No	

Em caso afirmativo, qual foi o assunto e como foi tratado?

Obrigado pela vossa participação

O seu contributo é muito valorizado e apreciado

Printed by Books on Demand GmbH, Norderstedt / Germany